画说木课
木作设计图解教程

陈玲江◎编著

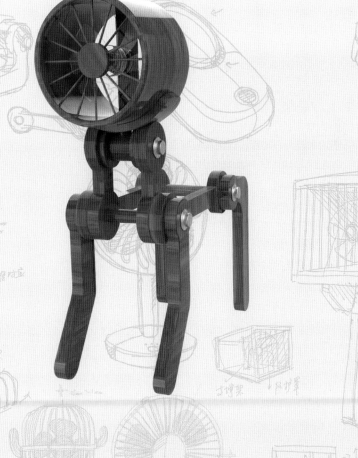

北京大学出版社
PEKING UNIVERSITY PRESS

内 容 提 要

目前木作产品深受大家的喜爱,是因为其中融入了不同设计理念、不同木料质感、不同新兴科技手段而产出的,具备了当下的视觉审美和实用性。本书共计 6 章,包括木作概述、木作设计手绘与现代加工基础知识、传统木工工具与木作结构解析、微木作设计与加工、木作文创品牌及产品分析,以及木工坊等内容。读者不仅能学到木作基础、开发流程、产品设计、用户体验、品牌经营、工具使用技能、计算机三维软件辅助设计、木作结构解析、典型设计案例解析等知识,还能学到木作产业商业开发的相关行业知识。

本书内容翔实,讲解系统,案例贴近目前的发展趋势,非常适合传统木工艺匠人、年轻手工艺设计师、文创产品设计技能培训机构、相关专业院校的学生与木作爱好者学习和阅读。

图书在版编目(CIP)数据

画说木课:木作设计图解教程 / 陈玲江编著. —北京:北京大学出版社,2023.10
ISBN 978-7-301-34273-2

Ⅰ.①画… Ⅱ.①陈… Ⅲ.①木制品–设计–图解–教材 Ⅳ.①TS66-64

中国国家版本馆CIP数据核字(2023)第141784号

书　　　　名	画说木课——木作设计图解教程
	HUA SHUO MU KE——MUZUO SHEJI TUJIE JIAOCHENG
著作责任者	陈玲江　编著
责 任 编 辑	王继伟　孙金鑫
标 准 书 号	ISBN 978-7-301-34273-2
出 版 发 行	北京大学出版社
地　　　　址	北京市海淀区成府路 205 号　100871
网　　　　址	http://www.pup.cn　　　新浪微博:@北京大学出版社
电 子 邮 箱	编辑部 pup7@pup.cn　　总编室 zpup@pup.cn
电　　　　话	邮购部 010-62752015　发行部 010-62750672　编辑部 010-62570390
印 刷 者	天津中印联印务有限公司
经 销 者	新华书店
	787 毫米 ×1092 毫米　16 开本　17.5 印张　451 千字
	2023 年 10 月第 1 版　2023 年 10 月第 1 次印刷
印　　　　数	1–3000 册
定　　　　价	128.00 元

前 言

当下，"木作"是一个流行的词，各种视频媒体平台都在传播这个古老而又年轻的手艺。木作更多是作为现代人的减压良方，重新走进人们的视野，而非单纯作为旧时留作念想的物件。木头在人类历史上很早就被开发使用了，在人们的生活中承担了各种功用。但随着时代的发展，水泥、钢筋、塑料制品及复合材料的大量使用，木质材料已经退居二线，不再作为栋梁、门框等的主要材料，现主要应用于中高端实木家具、装修以及文创等领域。刀锯斧劈的传统木工时代虽然成为过去，但木艺技巧、木作知识不会退出设计的舞台。随着高校木工课程的广泛设立、中小学劳技课中木作的普及以及实木家具、木作文创市场的重新崛起，传统木作技艺和产品的活化成为当下设计师及教育工作者关注的热点。

很少有人不爱"木"，因为它来自大自然原始的召唤。人们使用木材来辅助生活，从狩猎工具到屋舍、家具、纸类、生活用具等，都与木材密不可分。木材给人直接的感受是温暖、朴素、舒适、洁净、独特，平顺的木纹、温和的触感，能平复情绪。木材有着其他材料无法取代的特性：吸湿、保暖且具有弹性和张力，同时释放淡雅的木香。木材同时也是可循环的天然资源，一件经久耐用的木制器具，可以通过降解回归自然，从而维护生态平衡。在林业政策及木材用量的合理管控下，只要适材适所、善工善料，就能让这个来自大自然的礼物带给人们幸福的生活。

如今，很多高校开始设立木作相关课程，市场上木作培训门店方兴未艾。本来设计、晚峰书屋等品牌的兴起更是让人们看到了木作市场复兴的机会。而短视频的兴起及与传统文化相关的纪录片的播放，让原本幕后寂寂无闻的木匠师傅们走到幕前，呈现他们高超的传统技艺，同时也改善了师傅们日趋衰落的手工艺产品生意。

以木为质，在技术上将现代制造技术与传统手工艺技术结合，在文化上将现代流行时尚与中国传统文化结合，在个性上将产品的艺术性、工艺性、观赏性、收藏性与实用性结合，设计并制作契合当今木作市场的基本定位及市场走向的商品，让木作企业进行良性循环，只有这样才能形成人才与市场的良性循环。

笔者作为设计师及教育工作者，在设计教学及成立设计工作室服务各制造业公司之余，也在反思自己职业的使命是什么。相较其他传统技艺，木作无疑是适合"造物主"的一项技艺，也是适合设计师表达创作理念的技艺，而且笔者正好对木作手艺有着浓厚的兴趣，因此从木作着手，希望通过本书为木工传统技艺的传承贡献自己的一份力，这也是编写本书的初衷。

笔者尝试通过本书普及传统木作技艺和工业化木作制造技术，探索新时代木作产品开发理念，厘清产品品牌营销脉络。书中提供了大量的木作案例教程及设计开发流程范式，并附上了笔者实践过程中的心得体会。此外，书中还讲解了知名的木作设计师及其代表作品、现有知名木作品牌的现状、创业实战的模拟流程。全书为读者提供了木作相关的基本知识、木作产品的经营理念及方法的全方位解读。

希望通过学习本书，爱好木作的你可以开启创造与设计的乐趣之旅。

温馨提示

本书附赠 PPT 课件资源，可用微信扫描右侧二维码，关注微信公众号并输入本书 77 页资源下载码，根据提示获取。

博雅读书社

目录

第 3 章
传统木工工具与木作结构解析

第4章
微木作设计与加工

第 5 章
木作文创相关品牌及产品分析

第 6 章
木工坊

第 1 章

木作概述

这一章主要从木作的演变历史、木材的特性入手，带领大家认识木作的基本知识。

本章对木作的设计流程进行了详细的阐述。其中，44道实木家具制作工序的讲解，掀开了木作技艺的神秘面纱，解读了木作制作背后的各种技术性支撑条件。

对木作相关品牌和工作室的介绍，以及对成功的木作产品的推广案例的讲解，可以让大家一探丰富的木作产品世界，领略木作产品的风格和不同类别的产品的发展路径，启发有志从事木作事业的同道中人规划合理的木作事业。

通过客观分析当前我国木作发展的现状，指出我国传统木作在当今时代洪流中受到冲击的原因。面对当代木作艺人的艰辛，只有探索活化木作技艺的方法，传承传统木作技艺，结合国情和社会发展的需要，为我国木作产业的发展培育合适的土壤，才会让这门古老的技艺焕发生机。

拯救传统木作手工艺的同时，与时俱进，适应机械化的时代，通过机器和手工艺的结合，既适应工业化的进程，也在批量化生产过程中保留独立的产品个性和设计师个性。创造木作生存的土壤，推动传统技艺的发展，需要挖掘现代人生活中的木作产品的需求空间，并走出适合其发展的路线。

1.1 认识木作

1.1.1 木作的发展史

　　木作通常可以分为大木作、小木作及微木作（也称微木工）三大类。

　　大木作，即中国古代木构架建筑的主要结构，由柱、梁、枋、檩等组成，是木建筑比例尺度和形体外观的重要决定因素。

木作结构的不同设计表达（Rhino 软件制作和手绘）

小木作通常指传统建筑门窗、隔断、楼板、天花及家具等的制作安装，概指木构家具以及各类木制器用和精细的建筑装修等。

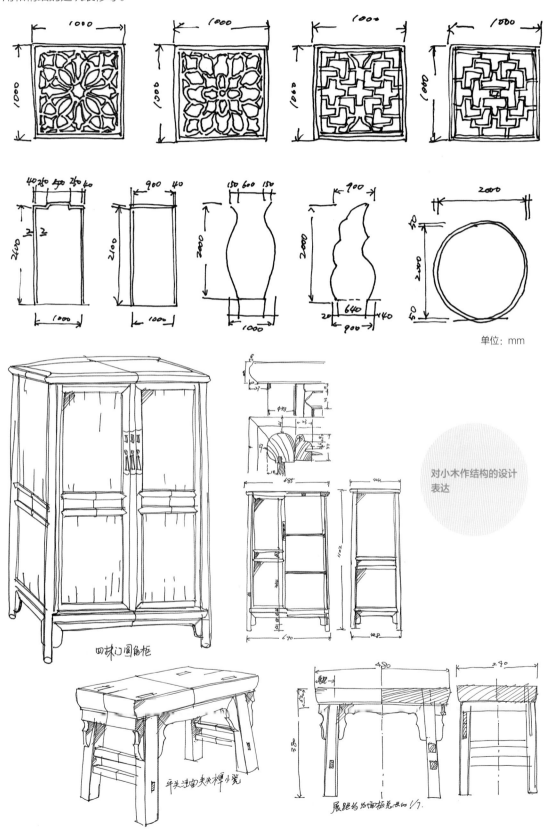

单位：mm

对小木作结构的设计表达

微木作，可以定义为小型的木产品制作，比如桌面摆件、数码设备周边产品、文具、茶具周边产品及灯具周边产品等。这样的木作产品相当于家居设计中的软装。

日本木作品牌
Hacoa 的木制
文创产品

■ 1. 传统木作的兴起

原始社会，人类开始定居生活后，居所要么是洞穴，要么是借助自然界的物件来搭建一个庇护之地，木、藤、长纤维植物为首选。随着建造技术的提升，木屋、木土石混搭建筑兴起。后来各类不同形式的居所及建筑层出不穷，有高耸入云的各种木塔，有依山而建的吊脚楼，以及独具魅力的四合院等。繁荣的经济发展使木匠有更多的工作机会，他们的手艺可以代代传承，而且他们可以以此为生。

每个杰出木作的背后，都有一群独一无二的木匠，他们不仅对手艺进行学习和传承，而且还兼顾时代技术的发展。木作艺术体现了人类文明的演进，是人类文明发展的成果。手工艺的主要特点是其浓重的民族色彩及精工细作，同时手工艺也展现了手工艺人丰富的创造力和独特的审美，因此手工艺品是最能反映人类精神层面的物质形式之一。

■ 2. 传统木作的衰落

在工业化进程中，传统建筑中的木材料逐渐被新型的钢铁、水泥、塑料、复合材料等替代了，木作市场日益萎缩，木匠的就业机会大大减少，即便在中国享有盛誉的明清家具，也逐步被现代技术和廉价材料制成的家具产品代替。集成家装的涌现，以及钢筋水泥框架式现代建筑的流行，让原本能全程参与建筑建造及木家具制作的大木工人数快速萎缩。

与此同时，国内对技艺高超的木工需求不多，即使是成熟的大木工，也只能拿到相对较少的薪资，而且很多现代木匠因为工作不稳定、市场机会有限及收入不济，难以维系家庭的稳定，迫不得已只能转行。这也是最终导致传统木作衰落的原因之一。

中国是一个手工艺传统保留得比较好的国家，传统木作、造纸、制陶等特色手工艺至今都有留存，纵观全球，传统手工艺保存完好的国家并不多见。很多特色手工艺，因为传承问题，逐渐流失在历史的长河中。这也导致很多人认为传统木工手艺是一门落后于时代的技艺，不符合现代社会的材料要求和人们家居生活的审美要求，新材料、新工艺的家具和建筑源源不断地涌进现代生活，高超的中国传统木工手艺会日益凋零，而且随着老匠人、老艺术家逐渐离世，精湛的手艺也会随大师而去，人亡艺绝！

传统木作衰落的原因大致可以归纳为新材料与木工设备的兴起，以及审美趣味的变化。新材料与木工设备的兴起是传统木作衰落的主要原因，工业标准化下的工艺改进可以让家具等性价比更高，且安装与运输也十分方便，这些是优秀传统木匠无能为力的。

■ 3. 现代木作的兴起

生活水平及教育水平的提升，为现代木作的回归奠定了基础。现在有越来越多的人欣赏古人所创造的东西。源自不同地域的手工艺传统，让那些原汁原味的木作迎来了第二春。国内非遗（即非物质文化遗产）文创、故宫文创、文创设计等关键词将木作推到消费者的面前，使木作成为塑料制品、金属制品等现代化工业产品之外的重要补充。

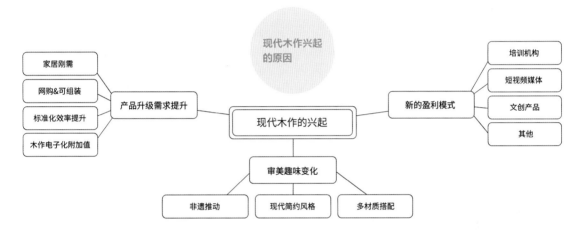

市场催生新的需求，也促成某一个行业的兴起。新兴木作，一方面使部分艺术家、雕刻家等迈入手工艺领域，推动木作成为地方非遗；另一方面，有钱有闲喜欢手工艺的学习者开始涌现，同时年轻人、儿童纷纷热衷于动手制作木制小物件，这促使木工坊等培训机构不断涌现，木作随即回到了一些人的生活中。短视频及视频直播中，网红木作匠人的宣传也对行业的回归起推动作用，如"爸爸的木匠小屋""阿木爷爷""山村小木匠安旭"等，所呈现的既是喜闻乐见的题材，也反映了木匠们高超的手艺。

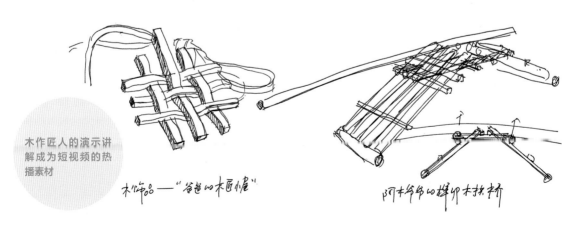

木作匠人的演示讲解成为短视频的热播素材

木饰品——"爸爸的木匠情"

阿木爷爷的榫卯木拱桥

推陈出新、返璞归真、乡村振兴、旅游民俗等时代潮流，依旧需要大批具备创新能力的木匠。这也促使笔者鼓足勇气，从设计画图策划领域回归动手实践制作那些充满趣味、实用的产品上来。幸运的是，我国还有不少能工巧匠，他们靠精湛的技术制作出的精美器物依旧被大众市场认可。如果我们能够学习北欧地区、日本等的木工技艺的发展和保护方法，以及产业振兴路径，重新规划中国木工技艺的发展道路，将蕴含中国独特思想、风俗、智慧、技术的设计语言融入木作创作中，并顺应时代的潮流，结合现代木工加工设备来提高产品的制作精度和效率，那么中国的木工技艺将会重新焕发生机。

一方面，我们要重拾中国优秀的榫卯木作结构技艺和宋、明等朝代中国家具的美学和制作技术；另一方面，也要正视我国现代材料的冲击、木匠师傅流失及现代原创木制品设计师不足等导致木工技艺缺乏有利生长土壤这个严峻的问题。同时，高校设计教育体系下的木工坊不断增多，这个过程中的短板也显而易见：相应的教材缺失、短课程填鸭式培训无益于木工技艺的传承，仅起到启蒙的作用。培养优秀的木作设计师依旧任重道远！

如雨后春笋般冒出的木工坊

成功的木作设计师既要追本溯源，了解并掌握古法技艺，又要熟练应用现代的设计技巧，诸如绘制三维设计草图、用三维软件建模渲染、设计产品结构、应用成型工艺等，还要掌握现代加工设备的使用方法，特别是三轴雕刻机的熟练应用，只有通过不断练习和操作，才能逐步具备真正的木作产品设计能力及样品制作能力。无疑，拥有全流程能力的木作设计师是稀缺资源。

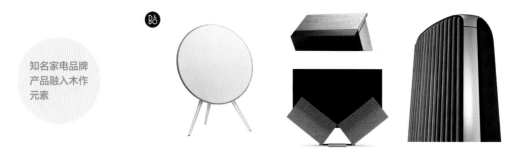

知名家电品牌产品融入木作元素

无论现在还是未来，木作依旧是一个细分行业，只要木作产品有市场，就会催生新型木匠。此外，木作设计及制作是提升动手能力的绝佳方式。正因为如此，诸如笔者这样的教育工作者、设计师会投入更多的精力、财力来诠释木作的乐趣。

有的设计师会将制作木制品当作一种解压的方式；有的设计师会将其当作自我表达的一种方式；有的设计师会将其当作创业的敲门砖，开木工坊或网店来贩卖自己的作品；当然也有的设计师会倾注所有去创业，用木作在行业里发声。无论哪种方式，对笔者来说都是一种鼓励。木作市场的受众越来越多，这也是笔者撰写本书的动力。当然，木作也将成为笔者工作室未来积淀及创业的一大方向。

1.1.2 木材的特性

　　木材是人类使用的最古老的材料之一，曾作为居所材料、工具和燃料使用，是可再生的且可以多次使用和循环使用的生物资源。

木材种类多样

奥松建筑木方　　　　辐射松木方　　　　花旗松木方

铁杉木方　　　　云杉木龙骨　　　　进口原木

▪ 1. 木材是多孔性材料

　　组成木材的管胞、导管、木纤维等细胞都有细胞腔，因此木材具有多孔性特点。木材的多孔性对其性质与应用有很大的影响：导热性低，如水松树根、轻木可作暖瓶塞；力学上具有弹性，木材受到强冲击时，能吸收相当一部分的能量；容易锯解和刨切；具有一定的浮力；孔隙度高，贮存空气量多，容易滋生腐朽菌，适宜防腐、干燥和木材改性与化学加工处理后再使用。常规情况下，作为原材料的木材一般需要烘干处理，设计师购买的是处理完毕且适合加工的木板材。

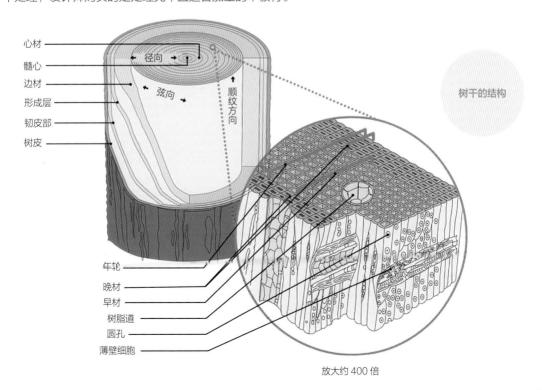

心材
髓心
边材
形成层
韧皮部
树皮

径向
弦向
顺纹方向

树干的结构

年轮
晚材
早材
树脂道
圆孔
薄壁细胞

放大约 400 倍

■ 2. 木材是各向异性材料

与钢材、玻璃等不同，木材是各向异性材料。木材的纵向导电导热系数为横向的 2 倍；顺纹抗拉强度为横纹的 40 倍；顺纹抗压强度为横纹的 5~10 倍。木作设计师在应用时需要时刻关注这个特性，笔者在制作微木作时就很容易出现折断或裂纹等问题。

制作微木作时，尤其是加工薄板材时要特别注意木材纹路的方向

整体纵切面　　　　心材　　　　边材

■ 3. 木材具有很大的变异性

木材的变异性是由于树种、树株不同，树干弦向与径向的部位不同，立地条件、森林培育措施不同，木材不同代之间与同代不同个体之间在木材构造、木材组成与木材性质方面均有差异。木材的变异性使木材具有相当大的不均匀性和不确定性，木材用途广泛，材质遗传改良潜力巨大，但也给加工利用带来许多困难。

■ 4. 木材具有多种优异性能

木材具有重量轻、强度高、吸音、绝缘、纹理优美及色调柔和等一系列优异性能，可用于建筑、室内装修和家具制造中。木材容易解离，是重要的纤维原料。不同的木材应用于不同的行业及场所，设计师需要因材施工、因地制宜。

木材应用领域广泛，即使与工业产品结合，也毫无违和感

▪ 5. 木材易于加工

木材容易加工，是加工能耗相对较低的材料。采伐后的木材可以直接加工使用，也可仅用简单的工具与低端的技术进行加工。由于这个特性，最经济地使用木板材，特别是在设计拼板过程中，尽量避免浪费材料成了木材加工的关键。

▪ 6. 木材的缺点

木材容易干缩湿胀、干燥缓慢；易受腐朽菌、昆虫或海生钻木动物的危害而变色、腐朽或蛀蚀；易燃；具有天然缺陷，如节子、油眼、斜纹理、应压木、应拉木等；易发生变形开裂、翘曲、表面硬化、溃烂等。木材的这些缺点可以通过合理的干燥、加工、防腐、滞火处理，以及必要的营林培育措施，避免或将其影响降至最低，也可以通过加工制成胶合板、纤维板、刨花板、层积木、塑料贴面板等进行改善。

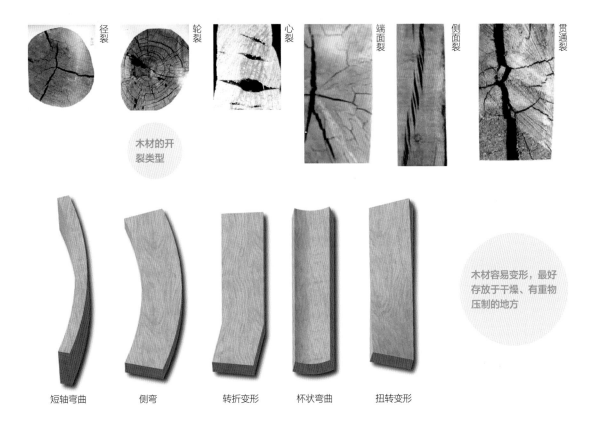

径裂　轮裂　心裂　端面裂　侧面裂　贯通裂

木材的开裂类型

木材容易变形，最好存放于干燥、有重物压制的地方

短轴弯曲　侧弯　转折变形　杯状弯曲　扭转变形

我国国土面积辽阔，木材资源丰富，从东北长白山的连绵山脉到中部众多河流湖泊，再到四季如春的云南，不同民族的居住地拥有不同的木材，也成就了我国丰富多样的木制建筑及木作风格。我国跨越多个温度带，木材资源不胜枚举，柔美的桐、杉、松、樱，坚实的榉、栗、枪，以及黄桑、黑柿等，这些树木都有不同的用途。再加上进口的各类红木，诸如檀香木、花梨木、酸枝及鸡翅木等，形成了样式及材质不同的木作品原料。利用自然馈赠的资源，木匠可以制作家具、器物及摆件等木制作品。

1.1.3 国内木作的发展

　　木作设计在美学视域下以材质特性的分析为出发点,深入挖掘原木结构、色彩、纹理、造型及工艺等要素,形成木作美学。木作设计依照工匠的设计理念及设计原则制定相适应的设计和制作工序,利用木材自然的形式之美,依托温润绵密的材质之美,结合悠远深厚的文化之美,凭借典雅厚重的色彩肌理之美,最终用作品来呈现。

　　通过研究传统木作手工艺品及现代工艺的木作产品品牌化的流程,笔者发现设计领域对原创木作产品的品牌构建尚未形成系统的研究,木作市场价值的挖掘及产业研发方向还不够清晰,这些都有待有志者进行深入的研究、探索。

　　通过对中国传统造物典籍《考工记》中的"材美"与"工巧"的设计理念、工匠精神等的解读,可得出"匠心载道"。"匠"是木作手工艺及其相关的领域;"心"是一以贯之的工匠精神;"载"是以品牌为平台联系消费者与企业;"道"是与时俱进的方法和一脉相承高超的技艺与设计。本书通过中国原创木作产品品牌案例的分析和对比,运用现代品牌的概念,并结合中国传统造物理念,对原创木作产品品牌进行分析,以品牌工艺、品牌文化、品牌传播、品牌价值 4 个维度研究木作品牌,为木作从业者提供一些参考。

　　探讨北欧、日韩等地的木作手工艺及品牌如何实现"匠心载道",了解其构建原创木作产品品牌的方法,并理解其木作产品品牌创新设计模型和应用的路径。在了解我国原创木作手工艺及品牌化的发展情况和困境的基础上,明确在品牌化过程中要关注和利用传统手工艺行业本身的独特性:传统手工艺背后丰富的文化含义。这种独特性与市场紧密结合,驱动其产生活力。要想推动手工艺的存续问题得到最优解,就必须通过现代设备工艺赋能传统手工艺,让产品既有传统手工艺带来的温润感,又有现代工业带来的制造速度,从而满足从业者、创业者的实际经济需求。

　　以笔者所处的浙江省来看,木作在这里得到了较好的生存与发展。比如东阳红木产业基地,它是全国乃至国际知名的手工艺之乡,东阳市的卢宅保留了传统的建筑群落,并发展为手工艺集聚的体验展示基地,有木雕、竹雕、砖雕、竹编、银器、茶具等匠人手作。另外,杭州西湖区留和路的东信和创园由传统厂房改建而成,是各种手作工坊及企业产品展示基地,其中也有北欧风、日式知名家具的卖场。

工业园区改
造的东信和
创园

　　对于传统手工艺的回归，生活水平和审美水平的提高，以及众多的设计教育启蒙，都起到了推动的作用。东信和创园内有很多资深设计师将目光聚焦到木作上，还有很多美术学院的毕业生、家具设计师等同样倾心于木作。从某种程度上来说，东信和创园的木作代表了我国当下木作较高的设计水平。随着设计大咖及手工艺品牌的入驻，东信和创园成了打卡旅游热点场所，园区有了一定的受众，木作产品也得以在文创市场获得发展。

　　我国涌现了很多知名的木作相关品牌。由此可见，一方面，手作的余温还在，市场还在；另一方面，互联网销售平台的兴起，让手作匠人有了向大众展示其作品的机会，并大大提升了产销的效率。

 半木BANMOO　素元　　吱音 ziinlife!　二黑木作　凡屋 FAN WU

 厌式房间 INSITU Studio　木邻 | 文艺美学家具　有所 YUSO　嘉山工房 XI SHAN WORK SHOP　

璞素 pusu　 猫王音响　bela DESIGN 本来设计　谭木匠　

国内部分知名
木作相关品牌

　　例如，我国台湾地区保留着非常好的手工艺传统及氛围，台湾微木作大师阎瑞麟制作的一系列卡通趣味的木作，从某种程度上来说可以与北欧的微木作分庭抗礼。另外，木匠兄妹等知名微木作品牌，推出了很多传递温暖的佳作。同时台湾地区设计教育强调设计过程中的动手能力，木作是培养动手能力的重要课程内容，这让很多年轻人体验和热爱这个行业。木作创业初期成本低，只需设计师购置一些小型设备，就能让一个木工坊或工作室起步。定位的差异及快速的切入可以使初创的木作品牌发展起来。

阎瑞麟的木作作品

台湾部分木作相关品牌

国内成功的品牌不少，猫王音响是中国音响设计师曾德钧创立的精致潮玩复古音响品牌。它以原木与数码结合的方式，将传统材料以新的成型技术为其赋能。几经波折，产品最终大获成功，成为视听领域享有盛誉的品牌。

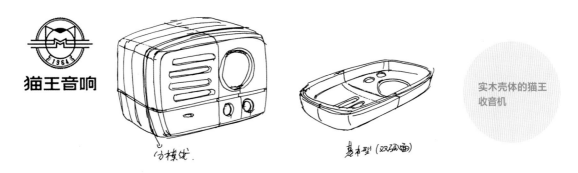

实木壳体的猫王收音机

国内的本来设计与日本 Hacoa 等品牌相匹敌、多次荣获国际奖项，其前身为一家专业的产品设计公司，如今已转变为独立家居文创品牌公司。通过设计，他们将思想与情感注入产品，让产品变得有"生命"，让用户在使用产品时身心愉悦，获得精神的放松。本来设计主要以榉木创作作品，后来逐步拓展到用木、竹、纸、陶瓷等材质创作文创产品，打造了一个原创的设计王国。

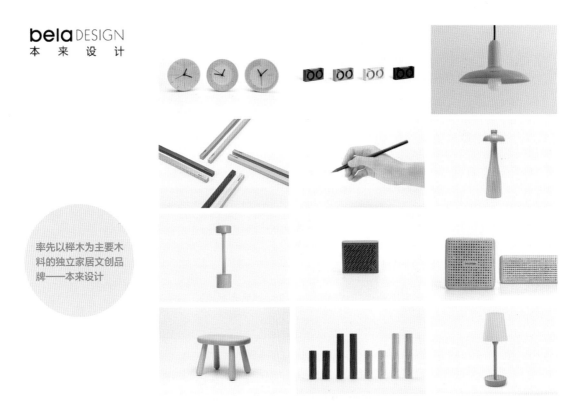

率先以榉木为主要木料的独立家居文创品牌——本来设计

才华横溢的设计师沈文蛟（1973—2019 年），是 PIY 的创始人，他曾在《四问 PIY》演讲中提出关于 PIY 品牌的 4 个问题、4 个发展切面、4 个决定性瞬间等理念，并在反思中完善和实现自我升华，塑造品牌的设计，使 PIY 成为木作界的典范。因为国内的原创产品被迅速仿造而无法获利，沈文蛟曾撰文《原创已死》，控诉网店仿冒对其原创设计的打击，呼吁提升对原创设计的尊重，引起了各界的瞩目和反省。

PIY 以螺纹为主要结构及设计语言，成了木作中非常具有识别性的品牌

将木作与现代工艺结合的品牌如雨后春笋般冒出，三轴雕刻机不仅应用于红木家具的繁复雕刻，而且开始应用于更多行业中。新时代的木作设计师可以通过纯粹的传统木作手艺进行创作，也可以通过机器高效合理地解放人力，以数控代替人工，保留木制产品原味的同时，将标准走向极致。

原上城品牌的设计师蔡银博钟情于木头，执着于品质，对木材进行整木雕刻。其产品浑然天成的造型结构、独具匠心的细节设计，复活了日本漫画大师宫崎骏笔下可爱的人物、动物等。他设计的产品在业内独树一帜，品牌和产品通过故事性线索获得新生，巧妙地利用剧本统一了产品的设计风格，也创新地提升了木作的价值，让大众在欣赏产品的同时邂逅木头里的"精灵"。

原上城品牌设计的宫崎骏风格的实木手作

上述品牌案例按我们对木作的分类法属于微木作。微木作行业最大的特点在于单体成本低、产品更加强调设计特色，创业、制作时间相对较短。相比趋于成熟的实木家具等小木作行业，无论是从业规模还是产品单价，微木作都无法企及。但是微木作行业因产品题材具有创意性且制作工具及手法灵活，非常适合作为个人或小微工作室、公司的创业项目。非标产品意味着不能垄断形成规模优势，这就像极了丛林里的灌木丛，虽然不能成为参天大树，却可以建立属于自己的小生态圈。再者，微木作已成为很多短视频聚焦的题材，且受众诸多，能够作为木作设计师未来"双轨"（具体产品及视频媒体）发展的驱动力。

1.2 木作产品设计流程

木作行业博大精深，关于木作的传统、文化、制作的文章和书籍等不计其数。要了解和进入现代工业设计批量制造体系下的微木作领域，学习合理的设计流程是非常有必要的，毕竟无论我们作为个体还是团体，都需要依靠商业运作才能让木作产品运转起来。现代的木作需要融入对市场的判断、对品类的选择以及对未来发展趋势的判断。

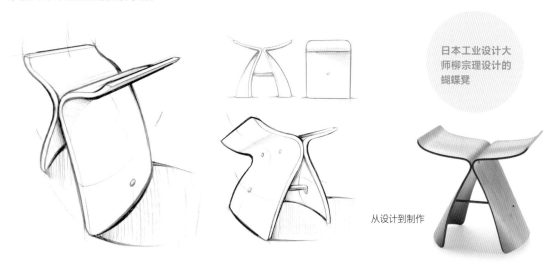

日本工业设计大师柳宗理设计的蝴蝶凳

从设计到制作

在木作产品的开发中，通常要经历以下几个典型的阶段：确定用户需求和产品目标、概念设计、原型设计、产品设计、结构设计、样品制作、用户体验测试、产品完善、产品发布等。这些步骤的划分有时是模糊的，可以根据具体的项目进行增减或叠加组合。

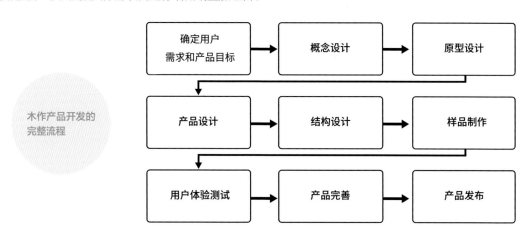

木作产品开发的完整流程

1.2.1 确定用户需求和产品目标阶段

在商业产品开发的过程中，确定用户需求和产品目标通常由产品经理进行把关。该阶段需要通过高效的方法快速了解市场状况、掌握用户数据等。常用的方法为用户访谈和问卷调查。此外，也可以通过找专业公司对用户的操作习惯、网络流量等进行统计的方式来掌握用户的行为特征。基于研究的结果，产品经理研判产品的定位。

有些人可能会说：网上可以模仿的产品千千万，做一个木作产品不是很容易吗，哪里需要那么麻烦的需求分析？是的，改改样式不难，但有几个基础问题需要考虑：产品独创性是什么、用户需求是什么、盈利模式是什么。如果只是从众，那么你的木作产品只会像大海中的一朵浪花，很难激起回响。

■ 1. 做好目标人群定位

从人口统计学特征、价值观标准、用户对技术及产品本身的观点来研究用户。一般按人群属性、人群需求来定位，同时辅以问卷调查、用户访谈等方法来分析用户需求。做目标人群定位时要重点考虑以下几个问题。

第一，产品要面对什么群体。

第二，这部分人群有什么特征，这部分特征是否有共性。

第三，目标用户群体的市场容量有多大，预计未来的发展趋势如何。

第四，现有的竞争对手是谁，竞争难度怎样。

用户定位的精准与否关系到产品开发结果的好坏。做市场调查、走访用户的时候，总是会收集到很多有启发性的功能亮点。但是，初期的产品大多数是感性的。例如，有的用户希望产品的种类多，有的用户希望产品比较精致等。显然一个产品不可能满足所有人的需求，这就需要产品经理或设计师在满足客户需求与产品功能之间找到平衡点。权衡之下，最重要的是找准目标用户，并且使产品功能满足目标用户最核心的需求。

■ 2. 有清晰的盈利模式

除非纯粹为了情怀或公益，否则盈利是企业生存绕不开的话题。企业要生存就必须有清晰的盈利模式，对产品的盈利模式可以做如下规划。

①盈利模式定位。根据企业的具体情况，确定相应的盈利模式。

②预计在什么时候，产品带来第一笔收入，且收入预计是多少。

③产品运行一段时间以后，盈利模式是否会发生改变。

④每个发展阶段，预估项目的支出预算、人员规模是多少；要实现长远的发展目标，估计需要多久的时间和多少的资金投入。

凡事预则立，不预则废。经过一番论证，如果项目可行的各方面条件都具备，就可以确定产品规划了。

1.2.2 概念设计阶段

设计是一种不断创新的思想行为，由于人的创作智慧是无限的，因此产品概念的构思也是无穷的。概念设计的直接目的是生成概念产品，它是一系列有序的、可组织的、有目标的设计活动，表现为由粗到精、由模糊到清晰的进化过程。

在概念设计中，经常需要采用头脑风暴法结合用户体验设计思想进行方案创意。需要关注产品使用者的感受，而不是单纯地将焦点放在产品上，否则很容易陷入为设计产品而设计产品的现象。

木作类产品的
概念设计手绘

概念设计阶段，设计者和产品经理需要集思广益，然后对用户及市场资料进行梳理、总结，通过思维导图等方式厘清产品思路，对产品功能模块及亮点进行深入分析。这里的设计思路包括产品整体架构、功能模块规划等，也就是从概念上给出一个完整的产品雏形，通过文字或图示的方式来表达所要开发产品的整体构想。

1.2.3 原型设计阶段

经过了概念设计阶段之后，构想的产品功能和亮点得到了认可，下面就可以进入产品原型设计阶段。在现实演示中，可以利用简单的材料制作原型并进行设计沟通。例如，利用瓦楞纸制作原型，这样的表达方式更加随意，沟通起来也更方便。产品原型设计需结合批注、说明，以及流程框架图来呈现，将产品原型完整而准确地表述给产品经理、市场营销人员，然后通过沟通反复修改，最终确认后执行。

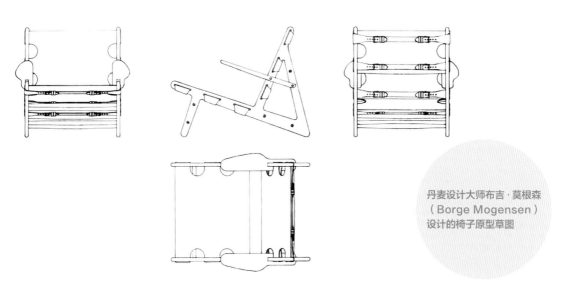

丹麦设计大师布吉·莫根森（Borge Mogensen）设计的椅子原型草图

产品原型设计展示了设计师创意大致的样子与功能，主要还是用于验证结构的稳定性、组装的合理性等。对初学者来说，从想法到动手制作实物，需要跨越想法和实践之间的鸿沟。构想与落地成产品之间很容易出现不可调和的矛盾，国内很多产品设计类专业的学生过度重视草图的绘制技法、建模渲染等技能，却很少通过实践操作的流程来验证自己的设计创意是否合格。被验证不合格的产品设计不是好设计，这个也是初级木作设计师必须正确面对的问题。

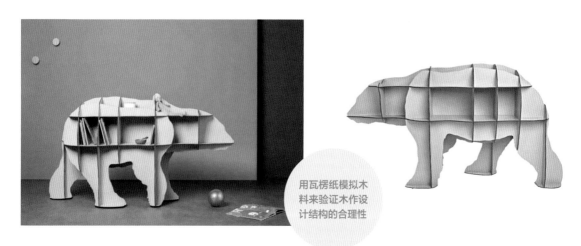

用瓦楞纸模拟木料来验证木作设计结构的合理性

在工业设计史上，德国工业设计大师迪特·拉姆斯（Dieter Rams）是个绕不开的名字。他的许多设计，如视听设备、家电产品、办公产品等，被世界各地博物馆永久收藏，其中包括纽约现代艺术博物馆。就连掌管苹果设计部门的副总裁乔纳森·伊夫（Jonathan Ive）和无印良品的设计顾问深泽直人，都深受迪特·拉姆斯的影响。

迪特·拉姆斯在 20 世纪 80 年代提出了"设计十诫"，为众多设计师奉为设计的至高准则。而他所做的设计，虽然初创在几十年前，但和"设计十诫"一样，放在今天，也一样闪闪发光，历久弥新。

1. 好的设计是创新的。
2. 好的设计是实用的。
3. 好的设计是唯美的。
4. 好的设计能让产品说话。
5. 好的设计是谦虚的。

6. 好的设计是诚实的。
7. 好的设计是耐用的。
8. 好的设计是追求细节的。
9. 好的设计是关心周围环境的。
10. 好的设计是极简的。

1.2.4 产品设计阶段

常有人认为，木作产品设计主要是为了实现产品的功能性及优化技术路径。其实不尽然，木作产品设计风格是更高层次的追求，更加偏向于主观形式的表现。原型设计之后，产品风格就是产品识别性的设计，可以让木作产品在众多的产品中独具一格，这是商业化产品设计中非常重要的一个环节。

各类 3D 打印及光敏树脂成形技术大大加快了研发及验证产品的进度

在现实生活中，不同木作作品会给我们带来不同的视觉感受。优秀的设计师能充分理解产品的固有功能，然后用一种巧妙的方式展现在你面前，让你眼前一亮。当你心底有微微一颤的感动时，这个作品就与你产生了共鸣。因此，设计风格表达是否准确、产品功能是否可行，都关系到整个产品设计开发的成败。

1.2.5 用户体验阶段

这个阶段，主要涉及产品评价。从设计角度来评价产品设计时，可讨论以下 6 个方面：1. 是否拥有清晰的设计价值观；2. 对于非核心需求的克制程度；3. 对于不同场景的精细化设计程度；4. 是否符合用户认知模型；5. 信息布局设计；6. 视觉设计。

1.2.6 产品完善阶段

这是产品小量试产、测试上线阶段，产品经理主要起验证的作用，严格把好产品上线前的最后一关，让产品完美上线。为了保证产品的良好体验，除了需要有优秀的测试人员，还要与测试人员保持沟通，并不断完善产品。

产品测试主要是为了确定最终的产品要做成什么样子，并且实现以下目标。

第1点，找到产品的不足之处。

第2点，了解产品真正的目标市场。

第3点，基于样品或者原型，全面思考后续的营销策略。

第4点，进一步评估商业价值。

1.2.7 44道工序揭秘实木家具制作的完整流程

通常设计师关注的是前期，木作设计师也是一样的。设计从概念到样品，再到小量试产，已经非常不容易了，而真正量产的过程中还会涉及大量的实际制作问题。每件简单的木作从生产到售出，其背后都需要一系列繁复的工艺作支撑。

下面介绍实木家具工艺流程，主要围绕木作设计师来展开。

整个设计流程主要考验设计师的综合能力。对于大多数设计师而言，动手制作是一大难点，这主要是由于木工工具繁多且难以熟练掌握。特别是三维数控设备的介入，木作设计师还要学习其操作方法并进行实践。

■ 1. 实木家具工艺流程——备料

木作工厂储备的毛坯料

（1）板材干燥处理：将木材的含水率控制在8%~10%。经干燥处理后，木材不容易出现爆裂、变形的现象。

（2）静置：把经干燥处理后的木材放置一段时间，让木材恢复其平衡状态。

（3）选料配料：木制品按其用材部位可分为外表用料、内部用料、暗用料3种。外表用料露在外面；内部用料是指用在制品内部，如内档、底板等；暗用料则是指在正常使用情况下看不到的零部件，如抽屉导轨、包镶板等。

（4）粗刨：可以给毛料板材定厚度。

（5）风剪：可以给毛料板材修整长度。下料按所需长度加长20mm，预估损耗。

（6）修边：截去毛料板材上不能用的毛边。

（7）配板：木料配板选材分直纹、山纹，颜色搭配一致，配板宽度按所需宽度合理放余量。选料时，要把内裂、端裂、节疤、蓝变、朽木等不良部分取下。

（8）布胶：在木材之间均匀布胶，胶的配比为固化剂：拼板胶=15：100，每次调胶500g左右。

（9）拼板：使用拼板机将木材进行拼装，拼装时要注意高低差、长短差、色差、节疤等问题。

（10）陈化：拼板完成的木材放置2小时左右，让胶水凝固。

（11）砂刨：刨去木材之间多余的胶水，使木材板面无多余胶水。

（12）锯切定宽：用单片锯给木材定宽。

（13）四面刨成型：根据需要的形状刨出木材。

（14）静置：将木材自然放置24小时左右。

■ 2. 实木家具工艺流程——木工

木料加工

（1）宽砂定厚：按要求将木材裁切及粗砂打磨成略有宽余的加工尺寸，然后进行精加工。精加工过程中，粗砂一次的规格可以为0.2mm的厚度，抛光砂一次设定为0.1mm的厚度。

（2）精切：给毛料定长，加工过程中要做到无崩茬、发黑等现象，长与宽加工误差不超过0.2mm，1m以下板片对角线≤0.5mm。

（3）成型：根据图纸将木材加工成型。加工时不允许有崩茬、毛刺、跳刀和发黑等现象；部件表面应光滑、平整；加工前要检查设备螺丝有无松动，模板是否安装规范，刀具是否装紧；部件尺寸误差不超过0.2mm。

（4）钻孔：按图纸的工艺要求钻孔，加工过程中要做到无崩口、毛刺等现象，孔位加工误差不得超过 0.2mm。

（5）配件栓砂：砂光配件，砂光好的成品应平整、无砂痕、边角一致。

（6）小组立：组立不用再拆开的部件，组立前先备料，把所有要组装的部件按图纸的加工要求检查无误，部件无崩口、毛刺、发黑等现象。首件装好后，在复尺与图纸工艺没有误差的情况下开始量装。组立过程中，胶水布涂要均匀，组立好的半成品应无冒钉、漏钉等现象，结合严密，多余胶水要擦拭干净。

（7）大组立：与小组立的区别在于大组立完成后的是成品。

（8）成品检砂：将成品进行砂光，要做到平整、无砂痕、边角一致。

（9）静置：将部件自然放置一段时间。

（10）涂装前检砂：将工件的表面重新打磨一遍，特别是木材表面的毛细纤维。同时检查工件的缺陷是否已经处理好。

（11）吹尘：将工件表面的灰尘吹干净。

▪ 3. 实木家具工艺流程——涂装

木料表面
喷涂

（1）擦色：先试擦，确认擦色剂使用无误。擦色前需将擦色剂搅拌均匀，直到没有沉淀物为止，使用的毛刷必须先清洗干净，擦拭的布条必须为不掉色的布条。

（2）底着色：根据不同组件的木料色泽，将各部件间的色差通过着色剂进行调整。

（3）头度底漆：喷涂前先将灰尘吹拭干净，检查擦色效果是否良好。头度底漆浓度为 16 秒，喷涂厚度为一个十字。

（4）干燥：喷涂完后待干 6~8 小时。

（5）清砂：先填补所有碰刮伤，再用 320# 砂纸轻轻砂一遍，主要是将喷漆后产品上产生的毛刺砂掉。

（6）二度底漆：喷涂前先将灰尘吹拭干净，底漆浓度为 18 秒，厚度为一个十字。

（7）干燥：喷涂完后待干 6~8 小时。

（8）清砂：先将有缺陷的地方填补到位，再用 320# 砂纸将漆面打磨光滑、平整，漆面不能有较大的亮点。

（9）三度底漆：喷涂前先将灰尘吹拭干净，底漆浓度为 16 秒，厚度为一个十字。

（10）干燥：喷涂完后待干 6~8 小时。

（11）清砂：用 400# 砂纸将漆面打磨光滑、平整，漆面不允许有亮点存在。

（12）修色：修色前必须先确定产品是良品，产品上的灰尘和污染物需清理干净。注意，先调配好颜色，再比照色板先修一个产前样，待确定颜色后方可作业。

（13）油砂：修色后的产品待干 4~6 小时，再以 800# 砂纸将产品表面打磨光滑。打磨过程中要避免出现打漏、色漆打花等现象。

（14）面漆：做面漆前先确保产品是良品，产品表面要光滑，表面灰尘和附着物须清理干净。面漆浓度为 11~12 秒，厚度为一个十字。

（15）干燥：待干 4 小时。

■ 4. 实木家具工艺流程——包装

木制品包装

（1）检验：目视，检查产品整体颜色搭配是否一致，不能有深浅不一的现象；在自然光下观看产品油漆面是否平整，是否有流挂、喷涂不匀、漏喷等现象；手摸，用手抚摸油漆面，检查表面是否光滑，是否有颗粒存在，用手感觉油漆的质感、手感是否良好。

（2）修饰：对工件表面的瑕疵进行修补。

（3）吹尘：将工件表面的灰尘吹干净。

（4）包装：包装产品。

1.3 木作相关品牌和工作室

木作古老而又时新，让初学者感觉高深而专业。但对于大多数木作设计师来说，他们希望木作设计是一份工作、一份职业荣光或者是一种创业沉淀的方向。

木作工作室实际上相当于个体户，与公司的区别在于创始人的人数、承担的风险及责任等不同，还有就是财务税收等问题。个体户、工作室相对简单，而公司最为正规，但公司对应的事情相对比较烦琐。个体从事木作行业基本有两种情况：一种是纯粹爱好，作为日常学习、工作之余的消遣；另一种是为了营生，可能是从兴趣转为谋生计。成立工作室常常是设计师手艺高或者商业渠道广，需要帮手分工协作完成木作产品。大体量的工作协作或商务合作则需要成立公司。

古代的木作，特别是木建筑的施工，往往需要组成木工队，这个实际上就是公司的雏形。古时的木作具有区域性，地理空间和运输工具等因素大大限制了木作产品的广泛流通。多数木作产品往往是匿名性质的，少数优质木作产品会打上匠人的印记作为品牌标记。当今的木作品牌，大部分是基于个体设计师的形式，也有公司形式的，但它们与日常的板材家具公司的商业体量还是有很大差距的。

1.3.1 应用中式传统美学的木作相关品牌

致力于将中式传统美学应用于木作产品的品牌包括木迹、璞素、多少、梵几等。

部分知名木作
相关品牌

这些品牌基本上做到了将自然融合到生活中，运用现代设计语言及加工方法，让设计制作的木作产品能够实实在在地应用到人们的生活中。梵几家具既有北欧和日式家具的简约、朴素感，又有中式淡淡的禅意，它并不刻意强调自己的设计个性。其现代简约的作品中，时刻彰显着中国传统文化的风格，如圈椅、竹椅、禅椅及罗汉床等。

很多品牌虽然有其独特的设计语言与品牌宣言，但很大一部分是用现代的工业化设计语言来改造中国传统家具式样的。特别是对明清家具式样的改造，摒弃了烦琐的细节，保留了一定的气韵，出现了中式美学的概念。典型的案例就是丹麦设计师汉斯·瓦格纳（Hans Wegner）对中国椅的再设计，很多知名设计师就是沿着他走过的路去演绎的。

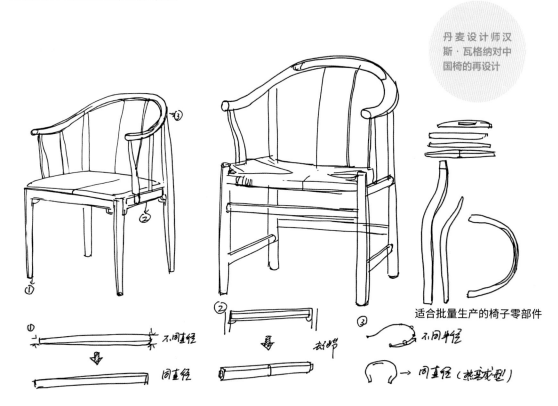

丹麦设计师汉斯·瓦格纳对中国椅的再设计

适合批量生产的椅子零部件

产品的基本理念：依托纯实木的性质，以此为材并通过简约、纯净的设计来表现产品。纯粹的材质和形式，让家具历久弥新。

1.3.2 致力于可持续发展理念的木作相关品牌

这些品牌致力于减少中间环节、以网络进行营销、没有实体店，将价值回归于产品本身。例如，木智工坊，由清华大学建筑学硕士赵雷于 2010 年创立，该品牌的理念为极简、环保、物尽其用；常用材料为可持续材种，如美国橡木、德国榉木等。

木智工坊的产品几乎全部通过网络销售，采用平板包装，产品需要用户自己 DIY 组装。木智工坊希望通过梳理流通环节，减少中间环节、直面客户、降低成本，让更多家庭能负担得起高品质的家具。木智工坊创始人赵雷是一位在家具制作和设计史研究方面很有造诣的人，他经常在社交媒体上发布相关研究文章，是一位在实践和理论方面都有丰富经验的设计师。

品物流形的设计师张雷致力于可持续发展理念，不断尝试及探索传统文化的未来之路，聚焦于传统手工艺的解构和研究，创造了一系列有传统文化特色的产品设计。传统文化复兴及古老技艺传承在这里得到了一定的延续。

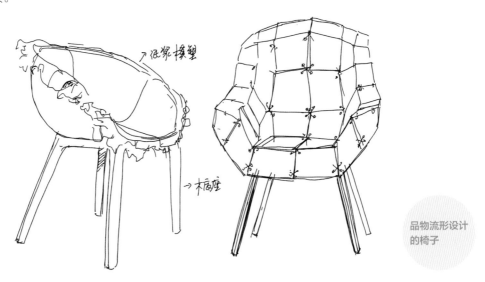

品物流形设计的椅子

1.3.3 标准化及非标木工工具及设备

标准化的木工工具及设备基于庞大的木作市场，会有很多相关的设备企业及零配件企业，如偏手工的刨、钻、锯设备企业等。木作设计者可根据自己的需求直接选择及购买。

非标木工工具及设备虽然普及率不高，但对于使用者来说，非标的木工工具的设计开发更便于个性化的应用。

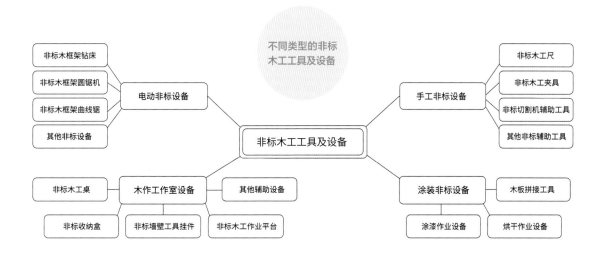

国外很多木作设计师参与非标木工工具的制作，从自定义木框架的圆锯、带锯、立式钻床、打磨设备，到现有电动工具的周边辅助设备等，都展现了非标木工工具未来的市场潜力。

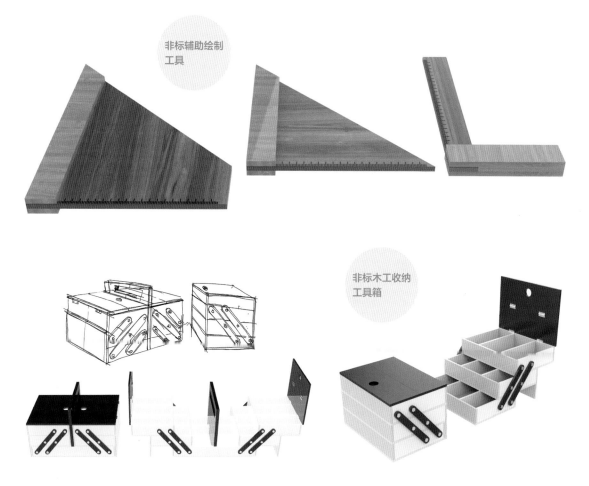

笔者通过使用电动工具及设备、阅读文献、看相关演示视频后发现，具有安全防护功能的非标木工设备实际上非常少。比如木工工具中的圆锯机，新手在使用时非常危险，而当下并没有很好的解决方案。

一些企业会根据自己单位生产的木制品来开发更合适的非标工具。笔者根据画框制作中的一个加工过程，对台锯进行了再设计，开发出具有能准确固定带有安全限位的台锯推台，以满足不同规格的标准化作业。

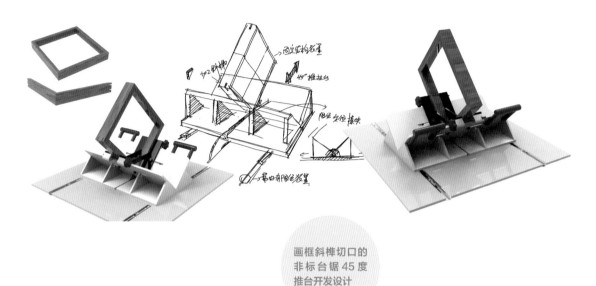

画框斜榫切口的
非标台锯 45 度
推台开发设计

通过实践证明，现有的成熟木工设备都具有升级的可行性，升级目标就是更加便捷、安全且效率高。基于这些诉求，笔者与设计工作室成员讨论并设计开发了一系列具有安全防护及可精准作业的非标设备。通过对比及样品制作，这些优化的非标设备对青少年学习木工无疑是很好的选择。

基于安全防护下可
精准作业的非标工
具开发设计

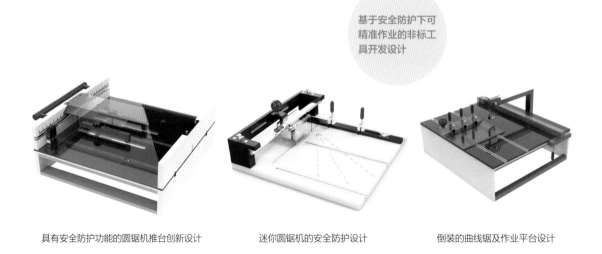

具有安全防护功能的圆锯机推台创新设计　　迷你圆锯机的安全防护设计　　倒装的曲线锯及作业平台设计

1.4 木作产品的推广方式

这里主要探讨旧时木作的推广方式、现今木作的推广方式，以及典型木作相关品牌的推广方式，希望能够给大家提供一些发展思路。

1.4.1 旧时木作的推广方式

过去，除了上门为客户建造木屋或打一些定制家具，集市叫卖及开实体家具店往往是很多木匠的选择。手艺及售后评价的好坏是一个木匠能不能获得好收入的关键，因此行业发展主要以父子师徒的手艺传承、字号传承为主。

旧时走街串巷、吃百家饭的木匠

旧时木作家具的基本模样

旧时木匠、磨刀匠、打铁匠等手艺人的推广模式相近，一方面需要较好的手艺，通过口口相传的方式获得认可和推广，这种方式与当时的地理、交通匹配；另一方面就是需要自我推广，除了有一定成本的实体店面，沿街或沿村落叫卖手艺也是非常重要的方式。

那些沿街叫卖的木匠常肩挑手拿自己的成品，如八仙桌、配套的凳椅等，还有锄头、钉耙等农具配套的手柄，以及各类架子、水桶、马桶等生活必需品。偶尔他们也会带木马类的儿童玩具，以及床榻、木门、窗等。

1.4.2 现今木作的推广方式

时代变更，各类推广方式层出不穷，从直营连锁或加盟连锁的传统销售方式，到后来互联网的兴起，推广方式也发生了巨大的改变，网络销售成为主流。

从互联网推广来说，设计师的木作推广首推站酷、花瓣、大作、普象等主流设计平台，国外的有 Pinterest、Behance、Facebook 等。此外，微博、搜狐、头条等主流互联网平台，以及国际设计奖项，如红点奖、iF 设计奖、红星奖等，可以大幅度提升品牌的美誉度与知名度。当下视频媒体兴起，爱奇艺、优酷、腾讯等传统视频平台，以及抖音、快手及 B 站等平台，都可以推广木作产品。

除一些媒体平台外，还有微信朋友圈及微信公众号等，这些都能成为产品销售的品牌引流渠道。实际发生商业贸易的主要还是依托阿里巴巴、淘宝天猫、京东及拼多多等电商平台，现在很多短视频平台也具备了很强的商务推广及销售能力。因为本书侧重点为木作设计及制作，关于营销的推广方式只做简单介绍。无论使用哪些主流或非主流平台，木作的设计及制作的差异化都是至关重要的。

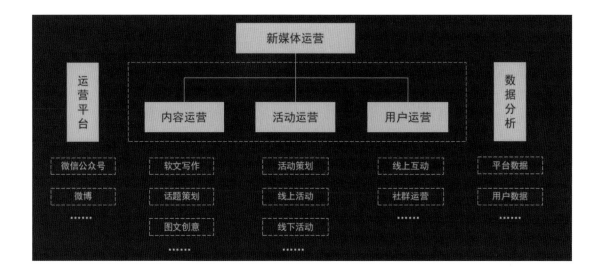

当下商业推广的基本模型

1.4.3 典型木作相关品牌的推广方式

  木作培训机构 MYLab 木艺实验室是典型的基于线上线下推广的案例之一，其创始人因为爱好而选择离职创业，创立了一家当时国内为数不多的木工坊。该机构通过线下体验、互联网宣传发酵，掀起一阵木作潮流，成为传统手工艺活化的一个范例。拥抱互联网是时下木作从业者推广的重要方式，毕竟互联网是听众、观众相对较多的舞台。

  木作 PIY 品牌主要通过互联网传播创业，创始人沈文蛟的《原创已死》一文引发了互联网热议，奇迹般地让 PIY 起死回生。文章在微信公众号阅读量高达 100W+，很多网友为了支持品牌，纷纷在 PIY 店铺下单，截至文章发出当日 23 时 59 分，PIY 在各平台店铺销售总额攀升到 200 万元。《原创已死》让投资机构发现了 PIY，PIY 品牌也获得了数千万元的风投，推动品牌走向新的高度。

PIY 创始人沈文蛟最成功的作品之一及广受传播的微信公众号文章《原创已死》

原创已死
这不是一个标题，这是一个事实。

  还有很多文章依靠互联网的强大传播力，让木创品牌和木制品行业受到了更多的关注。

  通过新时代网络平台的融资方式推进产品品牌发展的还有猫王音响品牌。

  猫王音响在融资和销售方面都是非常成功的。在互联网时代，猫王音响的成功既是传奇也是必然，一方面，因为产品保留了时代记忆的复古设计；另一方面，其具有工匠精神。猫王音响设计的收音机不仅外观是有品质的木材料，其性能方面也是经工匠不断打磨，具有超高的品质。

  以网络众筹的方式慢慢地展开，猫王音响从每年销售 300 台增长到 3 年共计销售百万台。猫王音响的成功可以让我们获得以下经验。

猫王音响木作收音机

1. 讲用户听得懂的话

做产品前，要好好研究用户，从用户的角度出发，了解用户为什么选择我们的产品，以用户听得懂的说法跟用户沟通，越通俗易懂越好。猫王音响品牌曾经常与用户讲音响参数、专业术语，结果导致大部分非专业的用户听不懂。当提炼出用户能领悟的关键词，比如手工、原木、颜值等，用户立刻就能听懂了。

2. 内容的魅力

猫王音响品牌在电商领域与罗辑思维合作，两天的销售额破 100 万元。主讲人"罗胖"在产品售卖中对产品的二次解读和多角度价值呈现起到了很大作用，他在讲述中提到，相比微信的成功，猫王音响可以体现出它的存在是给予陪伴，不占用任何成本。通过巧妙的对比，受众感到心服口服，并感觉自己好像赚到了。

3. 全渠道发展

猫王音响推广的成功还在于它清醒地认识到做品牌、产品时，不能单纯依靠任何一个平台和工具，不能把自己的命运交给单独的渠道，要全渠道发展。猫王音响在天猫、京东等电商平台及线下渠道统统铺货。当时，猫王音响品牌的线下渠道因为产品单一没有代理商愿意接盘，销售团队也认为盲目铺货不靠谱，因此由销售团队亲自进行线下客户拓展。

4. 树立好口碑

猫王音响严格选择销售渠道，避开和放弃很多 IT 卖场和与产品调性不符合的客户，主动寻找契合度高，符合猫王音响经营理念的客户。其标杆客户思维始终坚持一个原则——让产品出现在对的地方，并让它发光。与调性很契合的渠道一起打造产品调性，通过非常漂亮的展陈空间来呈现产品。

在 2015 年，猫王音响品牌的 100 家线下店，客户几乎零差评。渠道商认为猫王音响品牌在 3 个方面的坚持助力了好口碑的树立：1. 店面展陈很特别；2. 员工与渠道商联系紧密，愿意沟通和反馈；3. 产品具有很好的周转率。随着业内口碑的建立，猫王音响从主动出击找渠道商，变成渠道商纷纷主动上门，按照其要求打造销售方式。

5. 品牌高度 IP 化

2016 年 3 月推出的猫王小王子，一经推出即火热销售。猫王音响 CCO（首席文化官）黎文，在寻找合适的 IP 故事时，机缘巧合地发现《小王子》这本书，书中经常出现"成人的世界非常无聊、功利、无趣"这样的话，创作团队巧妙地赋能产品并以小王子命名产品，相关的视觉宣传和物料都以年轻人的喜好进行了调整，其周边产品也围绕这个主题衍生了很多好的设计。

6. 提升全方位体验

从 OTR（猫王小王子 OTR 蓝牙音响）开始，猫王音响把提升用户各方面体验作为重点。

产品体验升级

首先改进的是产品体验。前所未有，新产品设计使用了复古手提箱式包装，区别于其他音响公司的包装，因为手提箱设计，提升了店面陈列的新鲜度，用户甚至被手提箱打动而购买收音机。

终端展陈体验升级

合作的所有店面进行了展陈革新，大胆地尝试堆头、特装、橱窗展示等创新设计。

跨界 IP 体验升级

与不同品牌合作，成功解读和执行一些品牌跨界的升级案例。例如，与奥斯卡获奖影片《爱乐之城》的官方合作，猫王音响与天猫联合推出了直击少女心的粉色 OTR 产品，令粉色 OTR 热潮经久不衰。与 ZIPPO、哈雷骑手摩托车俱乐部、熊猫精酿、奔驰、奥迪、喜茶、《城市画报》和《悦己》等合作，将猫王音响引向新的高度。

■ 7. 匠心制造文化产品

在创始人曾德钧的带领下，猫王音响团队深度研究从作品、产品、商品到爆品的进阶过程，设计并制造像徕卡相机、ZIPPO 打火机、LAMY 钢笔等有强大生命力的产品。这些经典品牌基于品牌文化，自由而强大，被称为"文化级"的产品。

■ 8. 复盘自己的销售经营行为，反思和寻找经营策略

猫王音响的管理者经常复盘企业经营销售活动，希望能够寻找背后的逻辑本质，探索猫王音响成长的原因。这样的思路和策略推动了猫王音响的进步。

由以上猫王音响品牌的产品策略、销售渠道及成功经验可见，对木作初学者或初始创业者来说，微木作行业算是比较容易入门的行业。原因如下。

第一，初期设备投入少，微木作需要的只是小型电动木工工具及手工木工工具。

第二，材料用量少，不像家具制作材料用量那么大，而且木料存储不需要占用很大的空间。

第三，材料购买方便，前期用量少时可以通过网店或木材市场购买来完成产品打样及小试。

第四，参与制作的人力成本低，样品阶段仅凭设计师自己或个别工人协助即可制作完整的微木作。

第五，场地使用面积小，小到几平方米即可搭建微木作工作室，适合创造者及创业者。

第六，试错成本较低，一旦成功，上量容易，货品运输、仓储前期成本可控。

第七，工坊式创业，不易受环评、税收政策等影响。

第八，微木作更加强调快捷创意，产品适合在互联网上传播和推广。

小结：本节尝试探讨木作的推广方式，通过典型木作相关品牌的成功策略来挖掘品牌的生存之路。小品牌可以敏锐发现消费者的需求或坚守自己的产品信念，在产品设计中塑造出鲜明的品牌个性并依托互联网进行推广，从而打开了市场并获得了好的声誉。大品牌依靠战略意识，从产品设计、推广、营销、展陈、资金获取等方面进行精准的经营管理，并且积极利用互联网的优势。此外，产品的品质过硬，有匠心独运的个性，并且与互联网推广宣传结合，产品和品牌将会走出一条成功之路。

1.5 木作的未来趋势展望

　　木制品是以木材为原材料并经过加工制作形成的产品。木制品主要分为以下几大类：家具木制品、办公木制品、工艺木制品、园艺木制品、生活木制品，以及现在高科技木制品等。生活中比较常见的木制品是木家具、木制办公桌、木雕等。在木制品的设计与制作中，热门产品包括造型迷你可爱的根雕、雍容的佛雕，以及精致实用的木制钥匙扣等。

具有丰富表现力的木制品

外贸木制品

　　随着时代的发展和人们生活水平的提高，人们越来越讲究文化与艺术的结合。其中，木制工艺品深得人心，被广泛用作礼品、家居装饰品、园艺产品等。

　　日趋成熟的木制工艺品在设计、制作、工艺方面精益求精。在多元化的设计中，高精度的激光雕刻脱颖而出，深受广大企业的厚爱，帮助了很多企业跨过手工门槛，制作出了很多意想不到的工艺品。具有浓厚传统民族气息的木制工艺品不仅在国人心目中好评如潮，而且深受国外采购商的青睐，使近年来木制工艺品的需求呈递增趋势。

调查结果显示，专攻木制工艺品的企业负责人普遍反映出口额大大提高，这得力于木制工艺品企业不断加大产品研发、设计力度等种种举措。从长远发展来看，木制工艺品的国际市场需求也十分广阔。

获得了普利兹克建筑奖的王澍非常善于运用各种带有中国意象的材料，如竹子、木材及旧砖墙等作为建筑材料。王澍作为活跃在中国建筑一线的建筑师，其作品总是能够带给世人耳目一新的感觉。王澍凭着对项目场地的独特见解，对中国传统文化在建筑中的高超表达，以及对不同建筑材料组合的巧妙把握，使作品有一种独特的象征性和延续性。

王澍的作品扎根本土并展现出了深厚的文化底蕴，新旧材料的结合、创新设计结构成为新一代建筑的风向标之一。他设计的建筑值得当下的木作设计师深刻思考。

王澍在其水岸山居等作品中呈现解构木作结构的创新方式

王澍带有建筑实验性质的作品——文村改造

王澍的作品在恢复建筑往日的荣光，他用中国的思维方式表达了现代的建筑。

在新时期如何呈现木作作品呢？

日本建筑中常用木结构来体现艺术品般的自然美态。在日本建筑界中，非常具有代表性的人物是建筑大师隈研吾，他的建筑以精致的构造、传统的技法、主张"负建筑"的概念、用简单重复的线条对建筑进行塑造。木作是新瓶装旧酒，呈现了木材在新时期建筑中的灵活应用。

日本建筑大师隈研吾的建筑作品

芬兰著名建筑设计师阿尔瓦·阿尔托（Alvar Aalto）（1898—1976 年）很早就代表北欧设计师扮演了建筑设计师与木作设计师双重角色，描绘建筑与家具具有密不可分、妙不可言的设计关系。他将建筑设计中强调的功能性、探索更具人文色彩、更加重视满足人们心理需求等设计理念注入木作设计，形成了独树一帜的简洁温暖的北欧设计风格。这种典型的具有柔和曲线的北欧设计值得当下木作设计师借鉴。

阿尔瓦·阿尔托的部分木作家具设计

脱胎于建筑设计的工业设计专业或家具设计专业，至今都与建筑设计保持一种莫名的默契。清水混凝土诗人——日本建筑大师安藤忠雄，将清水建筑带给世人的同时，与清水风格一致的室内设计、家具设计等应运而生，强调块面体量及材质的设计风格随之流行起来。

自学成才的安藤忠雄，结合日本传统文化和现代主义，开启了一种独特的建筑美学，即利用混凝土、木材、水、光、空间等来展现建筑中非比寻常的美感。对于安藤忠雄独树一帜的美学——具有日本风格的现代简

约主义，作家德鲁·菲利普（Drew Philip）称："他的建筑是从地球上挣扎出来的土地艺术。""普利兹克奖"这样评价安藤忠雄："用最简单的几何样式、不断改变光的形状，为个体建筑创造出最丰富的微观景象。"

清水风格
设计

　　小结：无论是作为建筑，还是装饰的木作，抑或是现今被广泛应用的微木作，都是人们身边不可或缺之物，满足了不同人群的需求。应市场需求逐步提升的木作产能，给了匠人们更多的参与机会。随着更优质、更先进的木作设备和先进的 3D 打印技术的出现，木材加工的技术已经不再是设计师前期的拦路虎。目前，挖掘木作的艺术表达是木作发展的基本趋势。

　　变的是时代，不变的是需求。无论木作风格怎样迭代，新时期的设计思考、动手实践的能力都是前行的基石。我们应该学好技术，就如郑板桥在《竹石》这首诗中写道："千磨万击还坚劲，任尔东西南北风。"无畏无惧、慷慨潇洒、积极乐观，是木作人应该具有的品质。

第 2 章

木作设计手绘
与现代加工基础知识

本章主要讲解设计手绘基本方法、现代木作设计基本流程、木作制作中相关的软件及三轴雕刻机的应用，设计师既需要秉承传统的手艺，也需要通过现代的方法、软件、设备等来实现木作的设计制作。

木作设计制作流程的第一步就是设计创意的概念表达。概念表达并不是只有当今的设计师才必须具备的技能，春秋战国时期的鲁班，除了创造出很多农具，还创造了很多兵器，很大一部分就是使用木作技艺实现的。

为我国传统建筑做出较大贡献的梁思成先生，用专业手法还原了传统的古法建筑结构，其相关的专著及古建筑学阐释的手稿中，我们可以看到设计表达的重要性。

设计中，马克笔效果图绘画成了设计专业学生的基本功，进阶的则是用手绘板绘制，常用的软件为 SketchBook 与 Photoshop（简称 PS）。熟练的手绘能力结合优秀的设计构想，并通过计算机软件来表达，成了当下设计的基本技能。

本章我们会简单讲解一点透视、两点透视、三点透视等绘画基础知识，然后讲解木作设计手绘及木作设计基本流程。通过对激光雕刻软件、三维软件、工程软件及三轴雕刻机的介绍，大家可以了解从设计到成品的实现方法。

2.1 设计手绘基本方法

木作中的设计手绘用什么方式呈现更好呢？笔者觉得通过不同的榫卯结构装配图绘制来验证练习手绘基本技法很不错！

偏传统用毛笔来绘制的结构图和用现代手绘表达榫卯结构的书籍

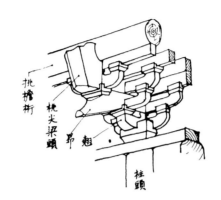

这里向大家推荐一本关于木作手绘的好书：由乔子龙著的《匠说构造：中华传统家具作法（修订版）》。书中呈现了各类传统家具的型制、形制、款式、款型等，无论家具讲解还是线稿图绘制，都可以看出著者的高超表现技艺，以及对中华传统家具的热爱。而本书更多是系统地介绍木工产品的设计开发。

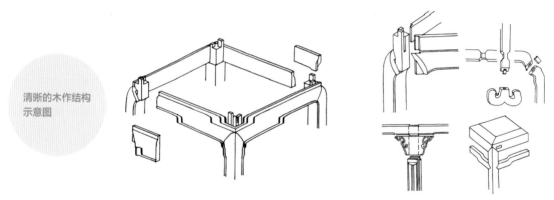
清晰的木作结构示意图

《匠说构造：中华传统家具作法（修订版）》中，榫卯作法略要图卷中的说明性文字均以制图方式标记；有些未完全讲透的则另写在图旁空白处，需对照阅读。另外，在榫卯作法图旁有对应的透视草图，该书可谓业界手绘传统木作的典范。

下面我们主要交流透视的几种方法，以及榫卯在透视空间里的绘制方法。

2.1.1 一点透视

由于建筑物与画面间相对位置的变化，它的长、宽、高三组主要方向的轮廓线与画面可能平行，也可能不平行，这样画出的透视称为一点透视。在此情况下，建筑物就有一个方向的立面平行于画面，故又称正面透视。如果建筑物有两组方向的轮廓线平行于画面，那么这两组轮廓线的透视就不会有灭点，而第三组轮廓线就必然垂直于画面，其灭点就是心点。

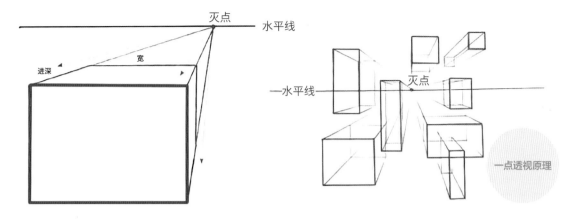

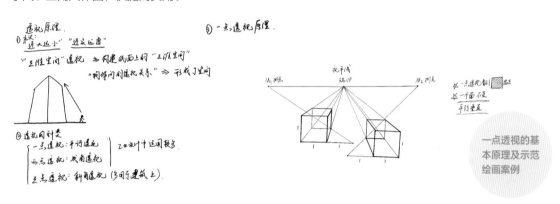

一点透视原理

一点透视的基本原理及示范绘画案例

一点透视在透视制图中的运用非常普遍。一点透视图表现范围广、涵盖的内容丰富，说明性强，用丁字尺、三角尺作图，快捷而实用。

透视原理："近大远小""近实远虚"；运用透视原理构建纸面上的"三维空间"；"物体间的透视关系"形成空间。

学者李乾朗在《穿墙透壁：剖视中国经典古建筑》一书中有很多透视画法，该书展示了作者二十年来对中国古建筑考察的心得，呈现了很多经典的建筑案例。其中，建筑案例的时间由秦汉至明清，空间遍布中华大地。无论是尺度恢宏的宫殿寺院、因地制宜的民居，或是亭台楼榭著名园林，皆以能彰显各个古建筑特色的剖视彩图，加上实景摄影图像与特色导览呈现，引领读者体验古代匠师高超的工艺技术，以及每一座古建筑令人惊艳的空间美感。书中用简练的文字、精细的手绘线图与大量的摄影图片，归纳整理中国古建筑的基本知识。

学者李乾朗的著作《穿墙透壁：剖视中国经典古建筑》及其中一点透视绘画插图

一点透视几何体练习　　　　　　　　　　一点透视室内家具练习

一点透视室内家
具几何体的表达

一点透视室内家
具的表达

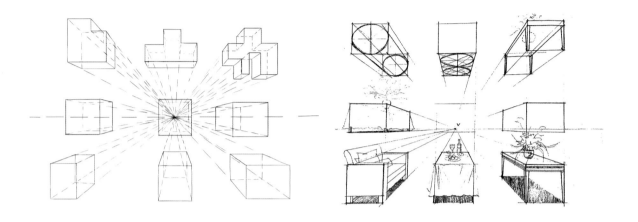

一点透视室内效果图练习

一点透视室内空
间线稿的表达

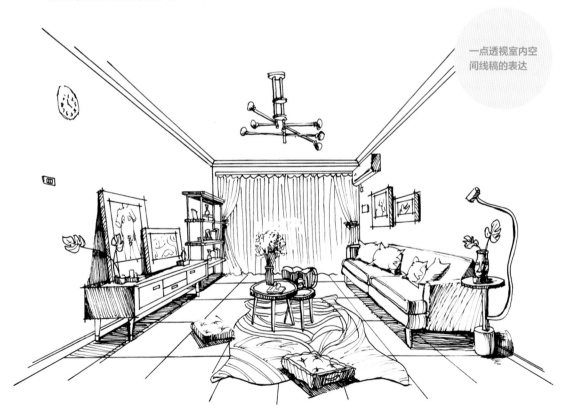

2.1.2 两点透视

两点透视也叫成角透视。通过立方体旋转一定角度或者视点转动一定角度来观察立方体时，它的上下边线会出现透视变化，其边线的延长线会相交于视平线上立方体左右的两点，所以叫作两点透视。

两点透视基本绘制方法

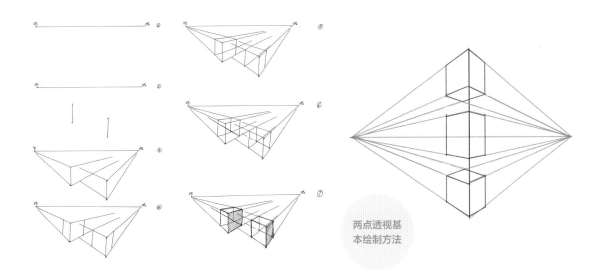

两点透视基本绘制方法

两点透视的视觉效果具有多样性、透视感、展示性强等优点。在常规工业产品设计开发过程中，常用两点透视来表现，一方面可以表达上述优点，另一方面可以在爆炸图（立体装配图）中呈现清晰的装配关系。

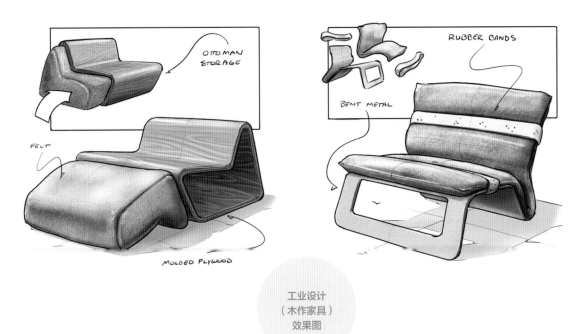

工业设计
（木作家具）
效果图

相比纯粹体现进深空间的一点透视绘画方法，两点透视从表面上我们至少可以看到物体的两个面，位置比例关系更加清晰。

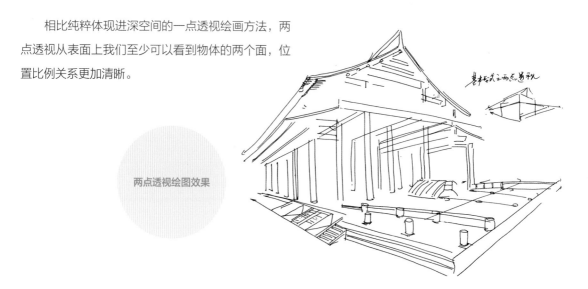

两点透视绘图效果

容易出现的问题：一是产品的透视关系和产品的比例关系不协调，呈现出的产品形态过长或者过短；二是产品细节的透视与产品本身的透视关系不协调。

两点透视几何体练习

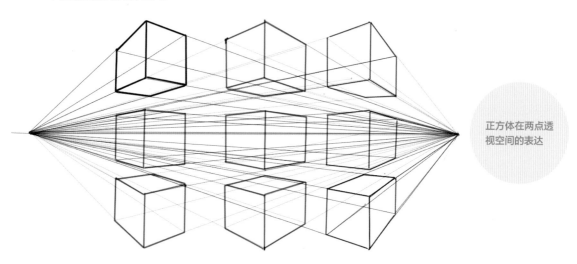

正方体在两点透视空间的表达

两点透视阶梯绘制练习

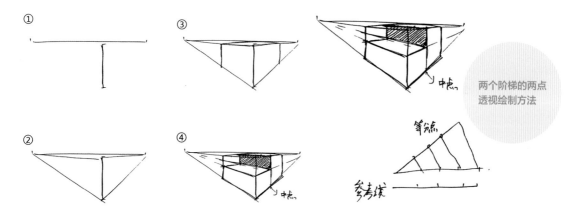

两个阶梯的两点透视绘制方法

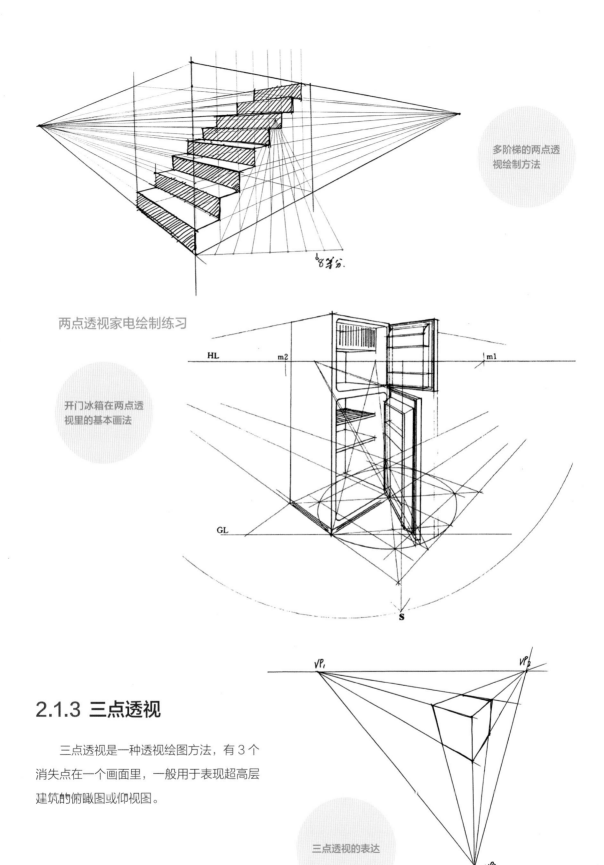

多阶梯的两点透视绘制方法

两点透视家电绘制练习

开门冰箱在两点透视里的基本画法

HL　　m2　　　　　　　　　　m1

GL

S

VP₁　　　　　　　　VP₂

2.1.3 三点透视

　　三点透视是一种透视绘图方法，有 3 个
消失点在一个画面里，一般用于表现超高层
建筑的俯瞰图或仰视图。

三点透视的表达

VP₃.

三点透视的优点在于呈现了 3 个面、具有较好的概括能力、最大化呈现面的细节，3 个角度的收缩类似粽子，具有强烈的收缩感，是绘制效果图时主要选择的透视方式之一。

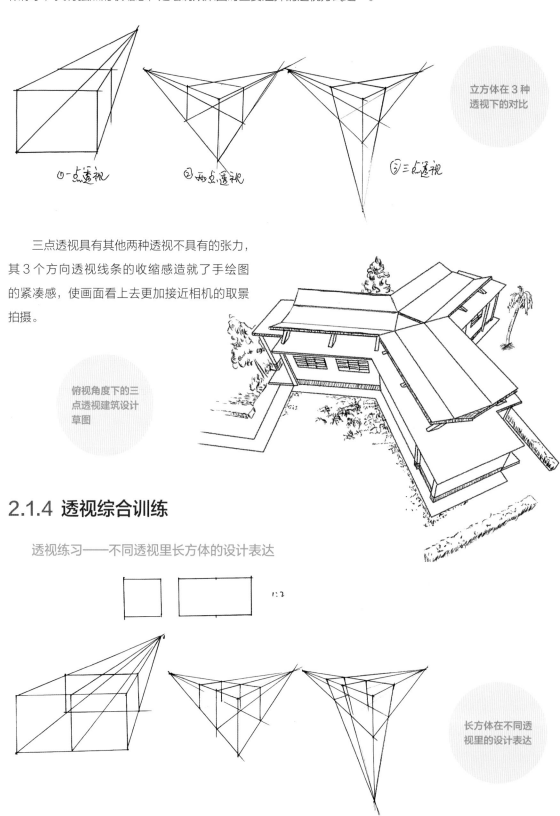

立方体在 3 种透视下的对比

①一点透视　②两点透视　③三点透视

三点透视具有其他两种透视不具有的张力，其 3 个方向透视线条的收缩感造就了手绘图的紧凑感，使画面看上去更加接近相机的取景拍摄。

俯视角度下的三点透视建筑设计草图

2.1.4 透视综合训练

透视练习——不同透视里长方体的设计表达

1:2

长方体在不同透视里的设计表达

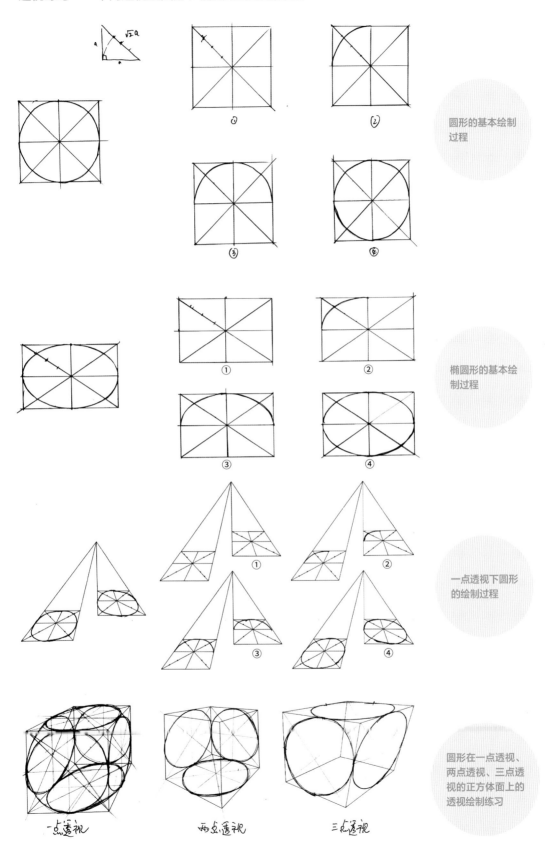

圆形的基本绘制过程

椭圆形的基本绘制过程

一点透视下圆形的绘制过程

圆形在一点透视、两点透视、三点透视的正方体面上的透视绘制练习

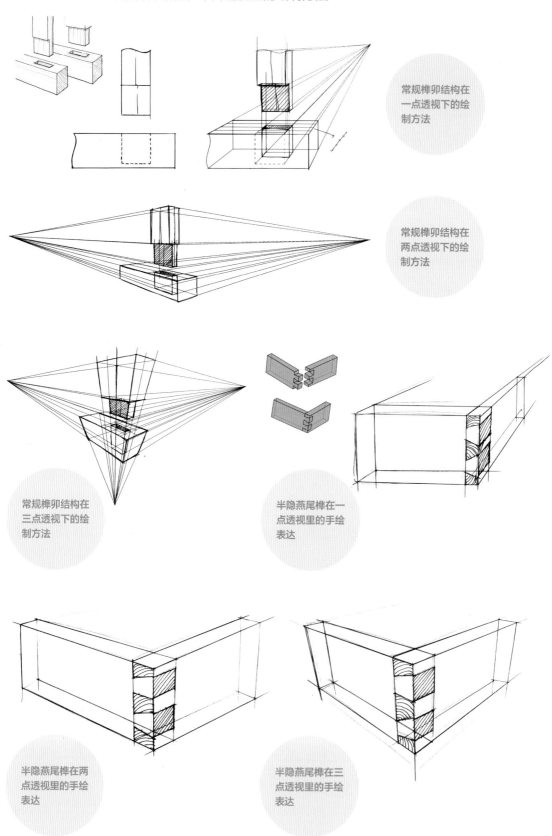

透视练习——常规榫卯结构在不同透视里的绘制方法

常规榫卯结构在一点透视下的绘制方法

常规榫卯结构在两点透视下的绘制方法

常规榫卯结构在三点透视下的绘制方法

半隐燕尾榫在一点透视里的手绘表达

半隐燕尾榫在两点透视里的手绘表达

半隐燕尾榫在三点透视里的手绘表达

2.1.5 设计手绘中的辅助线与结构线

■ 1. 辅助线

　　辅助线有多重要？无论是画头像素描、静物素描、几何图形结构透视关系等都离不开辅助线。画辅助线是为了标出物体的标准形态，也是为了更好地找型。辅助线画准确了，透视、造型就准确了。设计手绘同样离不开辅助线，因为之后所有的细节勾勒都是建立在信任这些辅助线的基础上。如果辅助线的位置没有掌握好，之后绘制的结构就都跟着走形了。

建筑设计草图中的辅助线

　　就像手绘建筑结构图一样，要想画得准确，就得画上很多辅助线。

　　线是由点构成的，从某种意义上来说，点就是线的辅助线，线与线构成了空间的面，面可以切割成不同形状的面，诸如三角形、平行四边形、矩形、梯形、圆形。体则由封闭的面构成，无论是绘制规则的还是不规则的体，都需要用到构成面的辅助线。绘制辅助线的过程实际也是思考的过程，辅助线可以表达长度、宽度，以及由长宽构成的空间，也可以表达各个体之间的各种关系，比如远、近、高、低等。

　　在设计手绘过程中，我们可以适度保留辅助线，适当表现隐藏的信息可以让画面更具有真实感与比对性。

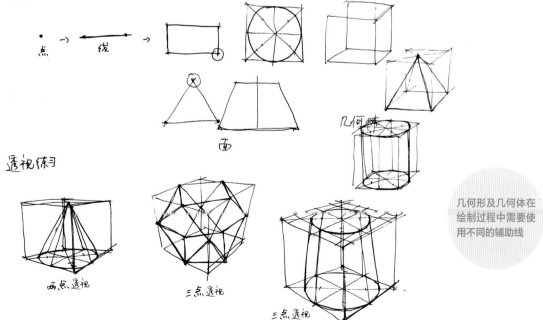

几何形及几何体在绘制过程中需要使用不同的辅助线

■ 2. 结构线

结构、形态、造型的表现要素是线条，即结构线，它主要反映为内结构线与外结构线。

内结构线与外结构线

内结构线与外结构线又称虚结构线与实结构线。内结构线是指表现物象内部结构及其关系的线条；外结构线是指表现物象外部结构及其关系的线条。对线造型的结构形态而言，内结构线是为外结构线服务的，它主要起辅助、衬托或暗示的作用，外结构线是基本的并且起主导作用。

结构线与辅助线结合，实现了完整的几何体造型的设计手绘，辅助线偏向于交代物体的体量，而结构线则偏向于交代物体的结构造型。

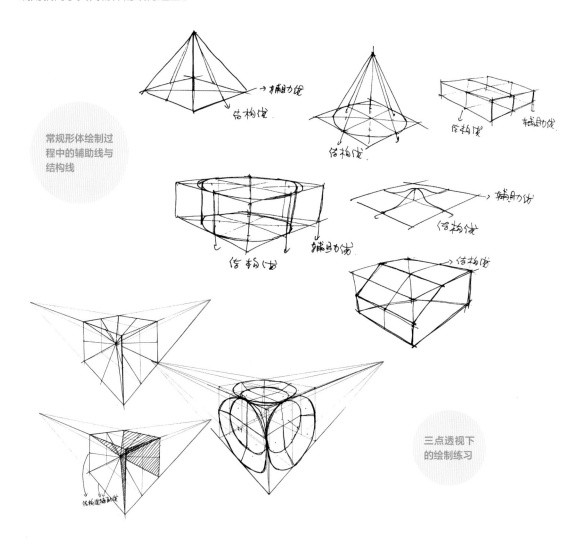

常规形体绘制过程中的辅助线与结构线

三点透视下的绘制练习

小结：本节主要交流了设计手绘的重要性，解释了一点透视、两点透视及三点透视的原理与画法，并交流了设计手绘过程中的辅助线与结构线。从以上分析可见，设计手绘既需要辅助线来确定物体的透视及体量空间，也需要结构线来强化物体的结构，两者结合才可以呈现尺度准确、透视符合实际情况的设计效果图。

2.2 木作设计手绘

前面大家已经了解了透视绘画，接下来主要围绕木作设计手绘展开，讲解木纹肌理绘制、榫卯设计手绘、微木作设计手绘、木作的马克笔手绘、木家具的设计手绘、木作产品的板绘等。

2.2.1 木纹肌理绘制

无论是涟漪般的山水纹，还是优美的虎斑纹，看上去都别具一格。事实上，木纹除了源自木头本身的生长特征，还源自不同的锯法。因此，从简单的木纹入手，便能一窥木材的锯法。

根据不同的切割方向，木材的基本锯法可分为弦切法、刻切法、径切法、平切法等。

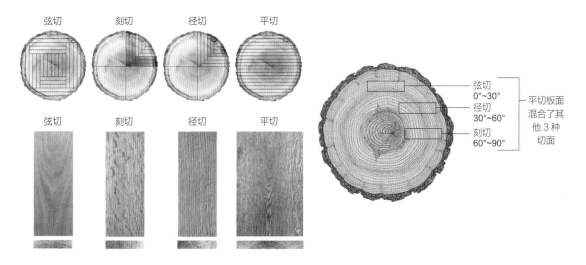
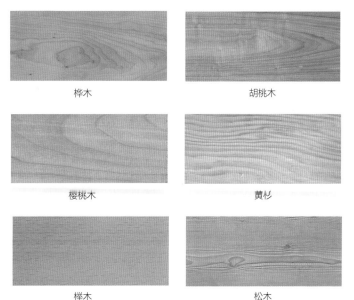

木材大多数细胞为轴向排列，仅有少数径向排列，形成木髓射线。这些径向排列的细胞能传输水分与养分，从横截面上看，就像车轮的辐条一般，从中心向外发散。虽然所有的树木都有木髓射线，但许多木材的木髓射线并不明显，而有些木材的木髓射线清晰可见，木板经抛光后纹理更为明显。

常用木作材料的径向纹理

桦木

胡桃木

樱桃木

黄杉

榉木

松木

常用的木材类型达百种，本节主要讨论我们常用的平价木材（如榉木、松木），中高价位的木材（如桦木、胡桃木等）。接下来用 Photoshop 进行图像处理，从而获得具有特征纹路的木纹肌理。

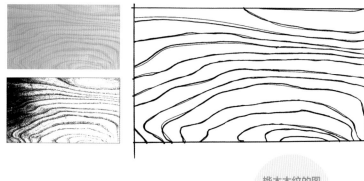

桦木木纹的图像提取及手绘表达

胡桃木是一种生长周期长达百年的好木材，市面上常见的有黑胡桃木和白胡桃木。胡桃木纹路细腻、虫眼少，颜色偏棕黑色，有良好的结构稳定性。很多品牌设计师就喜欢选择胡桃木为家具设计的主要材料。

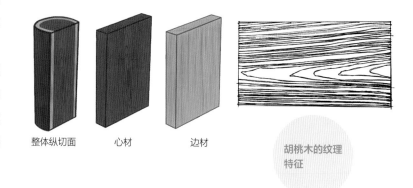

整体纵切面　　心材　　边材

胡桃木的纹理特征

榉木与榆木有"南榉北榆"之称。榉木肌理细腻，有均匀细长的麻点，饰面效果极佳，质地坚硬，耐磨损，榉木常用于寺庙建筑、现代木家具制作等。

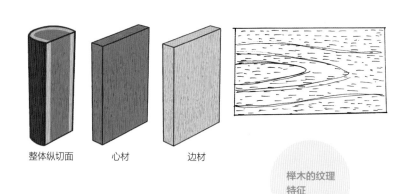

整体纵切面　　心材　　边材

榉木的纹理特征

松木色泽天然；木纹清晰且通直；节疤凸显，日久变成麦芽糖色；重量轻，但强度较好，干燥不完全时，会有油脂渗出。松木是本书常用的也是当下性价比较高的木料，它相对其他木材更容易加工成型。

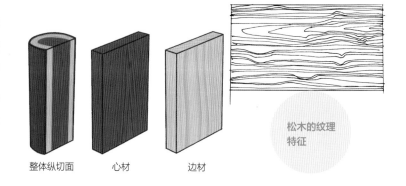

整体纵切面　　心材　　边材

松木的纹理特征

除上述列举的木材肌理外，还要了解木材横截面上年轮的绘制方法。

树木涟漪状的年轮

通过推理，在两点透视里即可获得各个截面的绘制方法。主面（即表现面积多的一面）的绘制可以是木材各种切割后的截面肌理，第二面则是类似涟漪状有一定规律的年轮肌理，第三面适当补充肌理即可表达不同木纹肌理。

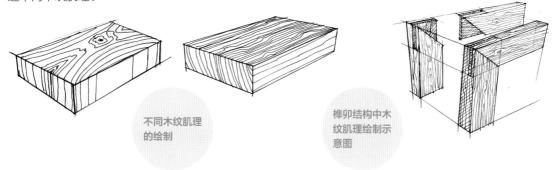

不同木纹肌理的绘制

榫卯结构中木纹肌理绘制示意图

2.2.2 榫卯设计手绘

我们一说木作，肯定就会提到榫卯结构，阴阳结合的榫卯结构是古代人们的智慧杰作。从原始木材的捆绑搭建，到装配结构的不断创新，榫卯结构经历了各种演变。在结构合理、工艺精巧的明式家具中，榫卯结构被广泛应用，并流传至今。榫卯结构通过设计验证是具有非凡牢固性的连接方式，而且具有不露锋芒、里应外合、顺应时势、灵活多变并可拆卸的特点。

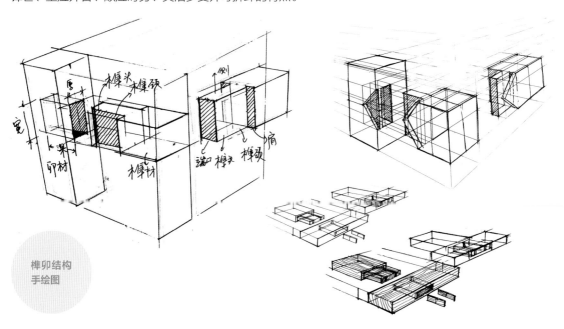

榫卯结构手绘图

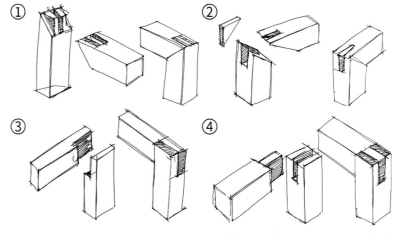

① 斜角开口明双榫
② 插入三角榫
③ 单面切肩榫
④ 开口明榫

可以实现实木画框结构的几种榫卯结构（一）

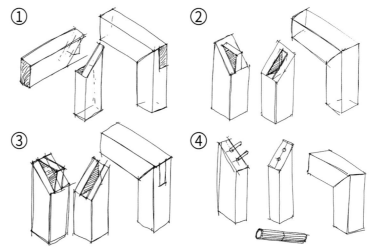

① 单面切肩榫
② 闭口榫
③ 开口榫
④ 圆木梢斜接榫

可以实现实木画框结构的几种榫卯结构（二）

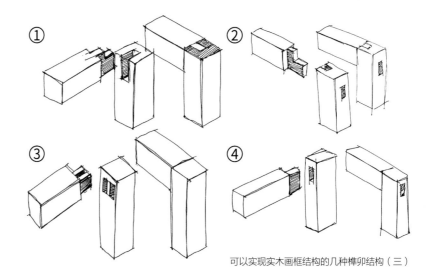

① 开口暗榫
② 半开口暗榫
③ 开口暗双榫
④ 开口明榫

可以实现实木画框结构的几种榫卯结构（三）

2.2.3 微木作设计手绘

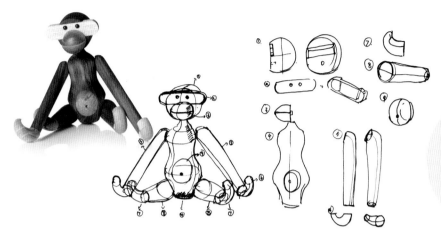

丹麦大师凯·玻约森（Kay Bojesen）设计的木制玩偶及零部件分解示意图

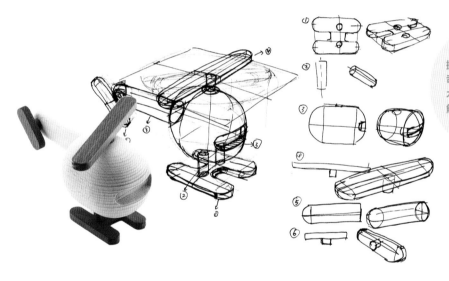

挪威 Permafrost 公司设计的小巧可爱的木制玩具及零部件分解示意图

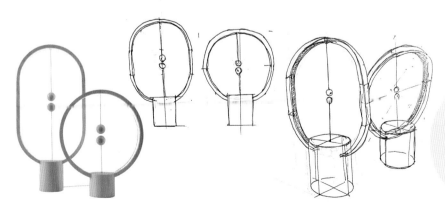

以巧妙磁吸拉力为设计特色的 LED 衡灯的效果图和草图

木作灯具设计开发是微木作的一大特色。现有的 LED 灯可以用 USB 电源供电，非常安全。LED 灯源的光照强度可调，亮度适中且 LED 灯散热较少，因此木壳的变形比较小，这些特点可以让木作灯具更加安全。下面推荐一款有意思的木作 LED 台灯。

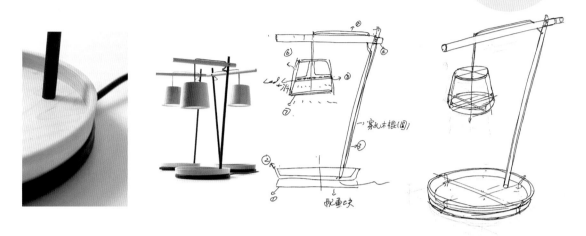

英国 Nir Meiri 设计工作室开发的一款木作 LED 台灯

2.2.4 木作的马克笔手绘

手绘图可以快速传达设计者的构思，而马克笔手绘比单色手绘更能呈现丰富的色彩和材质效果。马克笔手绘看似简单，但想随心所欲地使用马克笔来绘制令人称赞的手绘效果图，就需要掌握其使用的技法和技巧。使用马克笔绘画时，落笔之前要想好，千万不能犹豫；落笔之后要果断地画出，收笔利落。

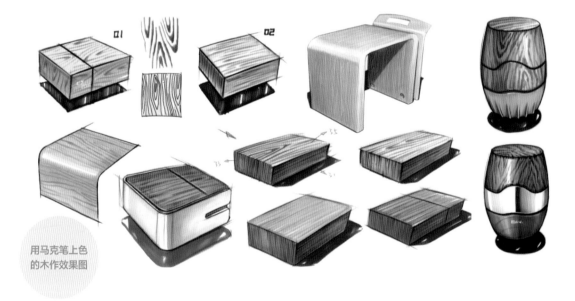

用马克笔上色的木作效果图

马克笔的特性是覆盖力不强，错误的颜色叠加会使画面变得很脏。所以，在用马克笔作画时，颜色要一次性使用到位，这样画面才干净、明快。而在用马克笔运笔时，下手一定要平稳，这样画出来的笔触才美观。

接下来，介绍一下马克笔常用的技法。

使用马克笔时，讲究"快、准、稳"。速度，是马克笔的第一要素。

1. 平推

马克笔是覆盖力很弱的一种上色工具，因此使用马克笔上色时，线稿完全没有被覆盖，还是很清晰地显示。而马克笔这一属性，决定了它在上色时有以下注意事项。

① 马克笔只能用深色加在浅色上，很少会用浅色往深色上叠加，否则会让画面显脏。

② 选择颜色时就要很准确，因为改错的机会很少。

③ 运笔速度要快，这样颜色会表现得更通透。

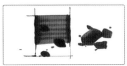

2. 画线

3. 画点　　　　4. 扫笔

5. 斜推　　　　6. 蹭笔

① 绘制基本轮廓，开始上色

② 用相对较深的颜色覆盖，表现初步木纹

③ 绘制另一面的木纹

④ 绘制顶部木纹

立方体木纹肌理绘制的基本过程

⑤ 强化加深边缘轮廓

⑥ 用铅笔或彩铅进行肌理绘制

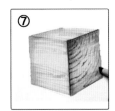

⑦ 用深色马克笔进行强化

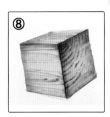

⑧ 基本绘制结束，适当强化轮廓及木纹

① 绘制基本轮廓，开始上色

② 用相对较深的颜色覆盖，表现一定的明暗关系

③ 适当强化轮廓及明暗转折面

④ 绘制木纹

圆柱体木纹肌理绘制的基本过程

⑤ 调整光影及木纹肌理

⑥ 开始绘制轮廓，强化边缘关系

⑦ 继续绘制轮廓

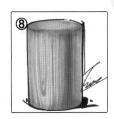

⑧ 基本绘制结束，适当强化轮廓及木纹

2.2.5 木家具的设计手绘

《匠说构造：中华传统家具作法（修订版）》是作者集多年的思考与研究，从家具的构造出发，从根本上开启了中国家具研究的另一扇大门，对中国家具意韵的技术分析及传统家具的构造原理、现代家具设计与制图等提出了一系列的思考门径，为建立现代中国家具学体系提供了构架性建议。

我们再来看现代工业设计手绘下的木作家具设计开发，先绘制透视线稿，再通过表现材质肌理形成直观的效果图。

椅子设计手绘
的基本过程

木纹表现

结构线

结构支撑

结构支撑

创意单人沙发
的设计手绘

2.2.6 木作产品的板绘

　　数位板在国内外已被广泛应用，其表现能力强，在设计表达上不只是一种趋势，更是一种需要掌握的技能。数位屏在当下也崭露头角，与计算机外接的数位板不同，数位屏可以直接在屏幕上绘制，所绘即所得。

数位板（左）
与数位屏（右）

数位板　　　　　　　　　　　　　　　　　　　　　　　　数位屏

　　对于追求眼手合一的画者来说，数位屏是更好的选择。数位屏绘画到底有哪些优势呢？

　　① 直观。相当于直接在纸上画画，解决了数位板眼手不合一的问题，实现眼睛所看之处便是所画之处。

　　② 对于摄像、设计等行业的伙伴而言，功能强大。它能使用 PS、SAI 等专业而强大的绘图软件，具有压感功能，让修图更顺手，握笔的绘图方式比鼠标的绘图方式更易控制精度。

　　③ 色域丰富。如果计算机屏幕色彩不足，数位屏可以弥补这个短板，呈现的色彩更饱满真实。

　　选择数位屏时，不要盲目追求价格，要结合自己的需求选择合适的。

广泛兼容 流畅运行

稳定兼容Windows/macOS系统电脑、Android手机/平板以及鸿蒙系统设备，能流畅运行各类图像设计编辑软件。*支持 Android(USB3.1 DP1.2 or later)

 Windows　 macOS　 Android　 HarmonyOS

当下主流的手绘软件

下面欣赏一些国外设计师的板绘作品。

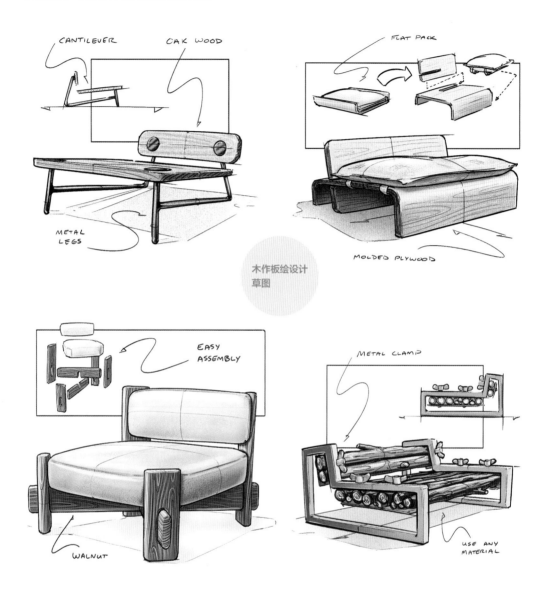

木作板绘设计草图

　　小结：设计手绘是很多设计师的心头爱，也是很多初学者的心头苦，无论是爱还是苦，设计手绘在设计研发过程中还是非常重要的。好的设计总是反复打磨设想的，绘制草图成了设计师流露情感及表达思想的重要环节。我们总是能看到很多设计机构在呈现作品时，附带了各种各样的思考草图。一些优质草图能被人津津乐道，比如流传至今的达·芬奇设计草图。木作设计师要学会用手绘的方式表达产品的造型、结构、材质、色彩等。

2.3 现代木作设计基本流程

现在经常可以在短视频平台刷到各类木作"大牛"，看似不需要任何构思及图纸就能制作巧夺天工的木作，实则不然。即使是非常熟练的木作匠人或大师，也需要针对木作进行构思揣摩，最后通过相关的工具进行分步加工。

木作设计的基本流程如下。

① 绘制木作创意方案草图。

② 搜集设计资料。

③ 绘制三维模型，即三视图和透视效果图。

④ 制作模型。

⑤ 意见征集，完善设计方案。

⑥ 修改模型。

⑦ 产品最终打样验证，绘制零部件施工图。

这里以多功能木工桌为示范案例来呈现设计基本流程。该设计包括木工桌桌板、木工桌支架、木工桌钳和灯光照明 4 个模块。笔者巧妙地将简单易制作等优点融入产品设计，并评估了制作费用。根据范例，木作爱好者能够自己买材料进行制作。

2.3.1 绘制木作创意方案草图

设计者对设计要求理解之后，通过绘制草图来表现设计构思，这是捕捉设计构思最好的方法之一，一般徒手绘制。多功能木工桌的方案草图主要针对自己的需求来绘制。值得一提的是，具有可行性的设计案例可以适度创新，同时需要了解实现功能所需要的零部件；草图可以适度夸张，也可以用马克笔等上色，进行精细绘制；草图中可以包含透视图、三视图、零部件细节等。

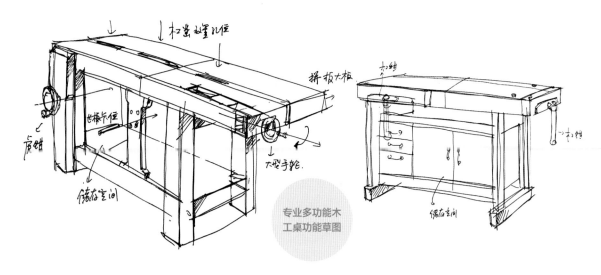

专业多功能木工桌功能草图

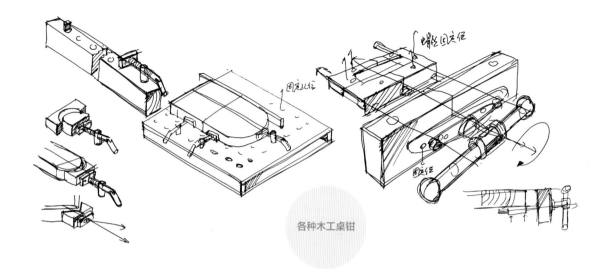

各种木工桌钳

由于专业多功能木工桌偏向于机械装备特性，所需材料昂贵，产品整体较重，常常出现在木工培训工坊或家具打样车间，不适合常规微木作爱好者的高性价比需求。由此，装配简单、整体成本较低的木工桌设计成为本次的重点之一。

最终木工桌设计草图呈现的内容：稳固的脚架，较为厚重的实木拼板大板，桌面局部区域有均匀分布的孔位，木板侧面安装用螺丝紧固的木工桌钳，木工作业的灯光照明最好能产生无影灯的效果。

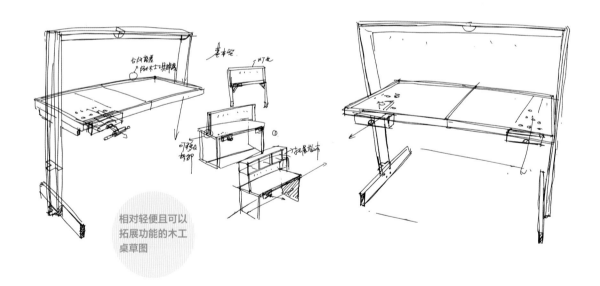

相对轻便且可以拓展功能的木工桌草图

上述设计方案笔者用松木板及复合板进行了加工验证，选择 1cm 及 1.5cm 厚度的板材进行加工，最终完成了设计方案的制作。该桌具备常规木工桌的各种功能，有小台阶落差的内凹桌面，能够避免作业过程中雕刻刀等工具掉落，长距离的照明效果适合木工爱好者进行小型木制品的加工或雕刻。其缺点是由于板材相对比较薄，稳定性偏弱。

2.3.2 搜集设计资料

纯商业的设计开发涉及的资料收集相对专业很多，深入挖掘的面与点也很多，这更偏向于市场调研、项目未来趋势预测。如果为了自用而设计制作，则相对简单很多，即以草图形式构思初步的原型，然后调研工艺、材料、结构等核心问题，最终通过产品制作实现设计构想。

这里以前面的木工桌作为题材继续深入探讨，先确定木工桌木板的尺寸规格、各种木工桌钳的尺寸规格、专用的长条 LED 灯源尺寸规格、木工桌脚架的尺寸规格、螺丝的规格等信息。

木工桌的零部件规格与成本息息相关，如大板桌的质地，选用哪种木料板材作为台板，选用什么样的木工桌钳等。通过反复对比，以尺寸为 180cm×70cm×5cm 木工桌大板为例，材料选用松木板进行拼板，可以让木材市场的加工点帮忙完成，成本约为 750 元；木工桌的脚架成本约为 150 元，木工桌钳约为 110元，以上材料都可以通过网络购买。

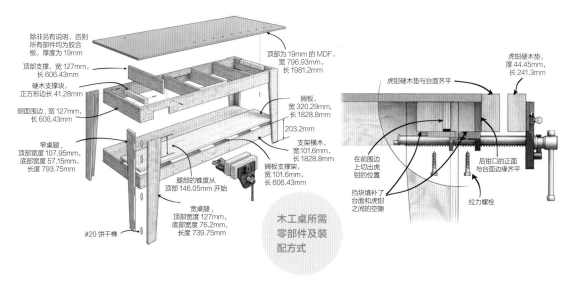

以下木工桌大板的尺寸可以为 160cm×75cm×4cm 或 200cm×75cm×4cm，材料选用松木板进行拼板。

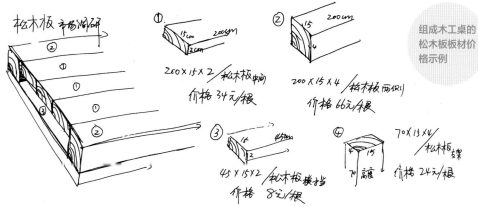

偏市场化商业竞争的市场调研及设计资料收集，远比设计师自己设想方案要复杂得多。如果设计开发一款对外销售的木工桌，则需要调研现有竞品的材料成本，评估人工加工成本，以及对外销售成本。此外，不仅要调研竞品所具备的功能、外形、装配结构等，还要调研竞品所面对的用户群的使用反馈。

2.3.3 绘制三维模型

草图绘制完成后，结合调研的产品零部件参数，可以进行三维建模。建模软件的使用情况因人而异，主要目的是将草图的设计思路变成三维模型，最终通过渲染器进行材质渲染，得到接近于成品的实际效果图。当下木作设计师应该熟悉三维建模及效果图的呈现方法。

依据笔者对简易多功能木工桌的理解，将询价选型过的零部件进行参数化建模，就能得到符合实际尺寸的木工桌模型，后续经过相关软件的渲染，可得到相应的效果图。

具有照明效果的简易多功能木工桌效果图（金属脚架）

以上设计图最大的特色在于增加了横梁灯具的照明模块，整个模块可以让作业者在良好的照明范围内作业，这也非常适合用于直播或制作短视频。

实木脚架的简易多功能木工桌相对比较简单，是现有高端木工桌的减配版，性价比高且适合一般木工作业。另外，笔者根据不同的作业环境及作业需求，设计开发了基于常规桌面的木工作业台面，尺寸小巧，安装、固定方便，适合小尺寸规格的木作。整个台面可以直接安装在复合板的电脑桌或办公桌上，且安装非常方便。

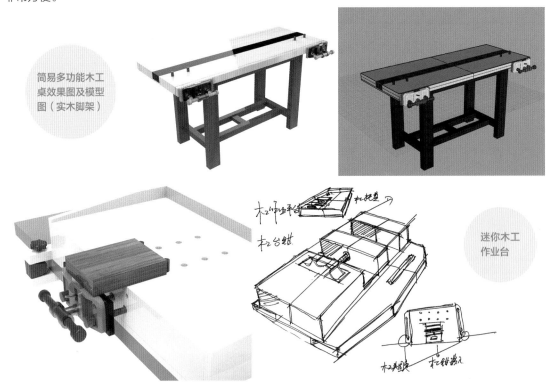

简易多功能木工桌效果图及模型图（实木脚架）

迷你木工作业台

木工桌的三视图包括正视图、侧视图及俯视图。绘制时，这些图纸可以通过建模软件来标注，最大的作用就是标注每个零部件的尺寸，方便后续的模型加工。同时，三视图可以非常清楚地表现各个零部件的安装位置。

2.3.4 制作模型

制作模型是非常重要的一个环节，虽然三维效果图已经将设计意图充分表达出来了，但效果图仅仅是设想的图稿，并不能评估实际成品的效果。因此，需要使用合适的材料和加工方式，按一定比例制作出相应的模型。近些年，3D打印给微木作的设计开发提供了有效助力，使验证更加快捷。

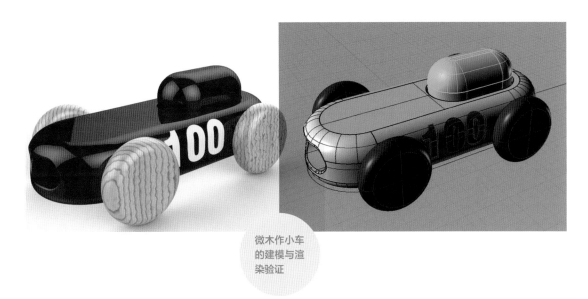

微木作小车
的建模与渲
染验证

如上图案例所示，3D建模及3D打印是目前精准实现样品模型最快的方式。从成品品质上来说，笔者推荐使用3D打印的光敏树脂成型方式。除此之外，也可以用三轴雕刻机进行加工制作。

如果需要制作的模型是较大尺寸的模型，那么3D打印最多能协助的是等比例缩小的模型样品制作，这可以作为设计师与工匠直接交流的媒介材料之一。以木工桌为例，3D打印的缩小模型配合木工桌零部件的尺寸图纸，加工的师傅就很容易按照要求来加工制作。

通过以下加工流程，可以制作常规尺寸的木工桌，得到木工桌设计的初始版本。

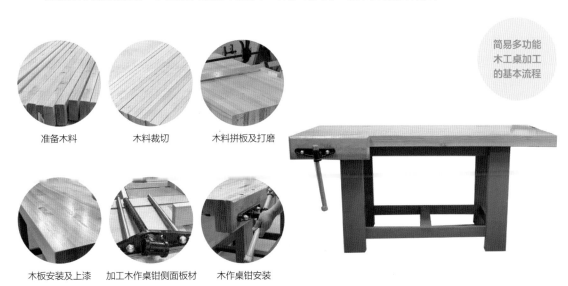

简易多功能
木工桌加工
的基本流程

准备木料　　　　木料裁切　　　　木料拼板及打磨

木板安装及上漆　加工木作桌钳侧面板材　木作桌钳安装

2.3.5 意见征集，完善设计方案

这个环节主要针对所制作的产品样品进行评价。这里分为两种情况，一种是设计师自己使用，可以根据设计师自己的习惯及产品摆放场景进行用户体验，发现产品不足，进行改进；另一种是以商业为导向的设计与验证，需要针对产品的各项指标进行评价，以利于投产前进行改进，节约成本、提升用户体验。

以木工桌为例，首要的就是对制作的产品尺寸规格进行测试。以下为具体意见征集。

① 桌子的高度是否匹配木工作业者的作业高度，桌面的高度能否调整。

② 产品是否容易安装和拆卸，是否方便运输及搬运。

③ 木工桌大板是否平整，桌面的孔位安排是否可拓展。

④ 大板桌模块能否留出木工工具存储空间。

⑤ 木工桌钳安装是否方便，使用时是否稳固。

⑥ 整体成本是否具有一定的竞争力。

⑦ 产品作业过程中能否安装吸顶式净化器。

⑧ 木工桌的照明配件如何选择。

⑨ 木工桌大板拼板的方式是否准确，能否通过合理设计适当减少木料的用量。

之后根据意见征集完善设计方案。

2.3.6 修改模型

这个环节主要针对所征集的意见对模型进行修改调整。首先修改的是大板拼板过程中松木板的组合方式，原来打样过程中的宽边粘贴组合变成灵活的宽窄边组合，这种方式可以降低大板的重量与成本，也能让木工桌零部件的拆卸更便捷。

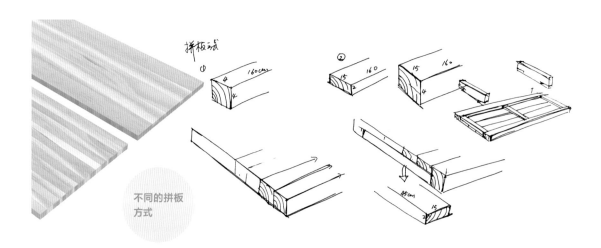

接下来选用上图中的第二种方式来拼板，再在外围用传统榫卯对宽 8cm、厚 2cm 的松木板材进行"包边"，从而形成厚度为 8cm 的木工桌大板。

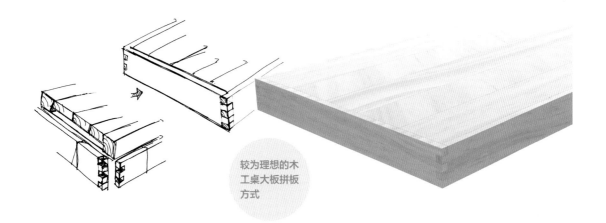

较为理想的木工桌大板拼板方式

　　确定好木工桌大板的整体拼板方式后，就要考虑与支架的装配方式了。木工桌支架（桌脚）的材料也使用松木板，桌腿用两块 70cm×15cm×4cm 的松木板进行黏合，形成的尺寸规格为 70cm×15cm×8cm。

木工桌主体的效果图及基本构成

　　木工桌主体部分完善好后，添加木工桌钳，其安装位置视具体作业摆放位置而定。如果木工桌摆放在角落，桌钳的安装位置就不适合放在偏向墙壁处，最佳的位置可能是中间；如果木工桌摆放在环境中间或墙壁的中间，则可以安装 1 个或 2 个木工桌钳，具体视设计师自己的需要而定。

修改好的模型效果图

　　修改后模型效果图相比前期的设计方案，合理性及美观度大大提升。

　　设计师要想进一步完善木工桌与木工桌周边，不仅需要考虑桌下的收纳模块，而且需要考虑木工桌台面以上的照明、吸尘、工具收纳等拓展部分。

2.3.7 产品最终打样验证，绘制零部件施工图

实物模型是在设计方案确定好后，制作 1 ：1 的实物打样验证，并重新绘制零部件施工图，以指导生产。施工图包括总装配图、零部件图、加工要求、尺寸及材料等，以图纸的方式确定施工标准，以确保产品与样品的一致性。

2.3.8 偏向个体特征的木作设计

《了不起的匠人》是以聚焦东方美学为主的匠心纪录片，捕捉了每位匠人最具匠心的故事，传达不同匠人鲜明而迥异的性格，细腻而唯美地展现每件器物的制作过程，展现出其震撼人心的一面；每位匠人和每件器物都能够传达出东方美学的观念，由与我们日常生活息息相关的真实故事而导出。

《了不起的匠人》中介绍过——木勺子匠人黄强；在上海造天坛祈年殿的王震华；积木匠人及千年斗拱新传承者刘文辉。

▪ 1. 木勺子匠人黄强

一把勺子，在日常生活中是非常普遍的，吃饭会用到，喝汤也会用到。这样一种普通的餐具被人做成了工艺品，为其赋予了新的价值。

对于黄强来说，与其说勺子是艺术，不如说木头本身就是艺术。他曾说过："勺子就在木头里面，我只是把它解放出来而已。"光是木头，他捡拾台风过后的漂流木，在没有台风的时候，他顶着烈日，进山寻木。在山里做勺子，他一待就是一整天，炎热、孤独都没有让这位"勺子哥"退缩。

黄强制作的勺子

从一种熟知的生活中抽离，转行做另一件事，这需要很大的勇气。制作木勺，并不是一个赚钱的手艺，但对于黄强来说，做一个木勺匠人并不是为了得到更多的财富，而是在专注制作的过程中，寻找一份内心的宁静。是他让勺子从生活用具变成了一个有情感的作品。对木雕做减法的过程，也是他对人生做减法的过程。把多余的去掉，把想要的部分留下，结果才会更具魅力。

黄强与勺子的故事与我们国内很多玉雕、木雕、根雕大师的故事相似，更多偏向于个人创作，基于特定的材料进行艺术创造。虽然产品模型可以进行三维扫描获得，后续可以逆向再加工，但基于材料造型、纹理色彩等特征的艺术个性很难复原，从某种程度上来说，这类木作设计流程偏向于艺术性，很难复刻和量产。

■ 2. 在上海造天坛祈年殿的王震华

王震华微缩版
祈年殿

王震华从小在上海农村长大，他家隔壁住着一个木匠，他没事就喜欢跟在木匠后面捡刨花玩。自幼爱好木作，学习过古建筑修复，对各种鲁班锁似乎又有天赋异禀的理解力，退休后他重拾爱好，决定利用微缩营造法来还原建筑。

精益求精方成大事。制作祈年殿微缩模型，首先需要实地测绘，测量立柱的直径、高度。从磨炼木工、磨刀、设备调试等基本功，到研读梁思成的《清式营造则例》，再到 CAD 设计软件的使用，王震华都是自己一个人摸着石头过河过来的。

这座微缩版的祈年殿，由 7108 个零件组成，完完全全的榫卯结构，不用一个钉子，一滴胶水，是原比例的 1/81，每个部件都可拆卸，按照力学原理，像建真正的房子那样搭建而成。

王震华用他的行动证明了精益求精源于内心的深爱。在任何行业，只要一丝不苟、追求完美、极致，就能铸就精品、书写传奇。工匠精神，从来就不曾在这个时代消失，真正愿意践行的人都是值得尊敬的。王震华的木作流程实际与常规流程一样，其中实地测绘描摹代替了市场调研，后续的模型设计、模型验证及结果呈现都与现代木作设计流程如出一辙，最终输出的图纸成了组装的关键，三维软件及成形工艺在整个过程中举足轻重。

王震华在木作开发流程中，高度强调尺寸的精确性与批量制造的可行性，经过工艺制作验证过的微缩版木作，在很大程度上已经完全具备量产的可行性。

■ 3. 积木匠人及千年斗拱新传承者刘文辉

以将近不惑的年龄，考上了中国美术学院研究生，山西汉子刘文辉目前从事古建筑艺术微缩模型的制作及传统文化木艺品的设计与研发。刘文辉迫切想在有限的生命里，将中国古建筑的艺术和文化通过双手融入寻常人之间，重新激发大众对古建筑艺术的兴趣和热情。

做古建筑模型复原并非易事，为了研发第四代宋式斗拱积木，刘文辉特意从老家召集 20 多位木艺匠人，一起实现木头的完美契合。一个零部件，三代做斗拱的老师傅反复修改几个月，仍然不被他接受。严苛的刘文辉决定自己动手，坚持还原宋式斗拱中本是柔曲外形的月梁，从重新设计到手工雕刻就耗费了两个月。而他觉得人生最大的乐趣在于永远在路上，永远在追求最喜欢的事情。

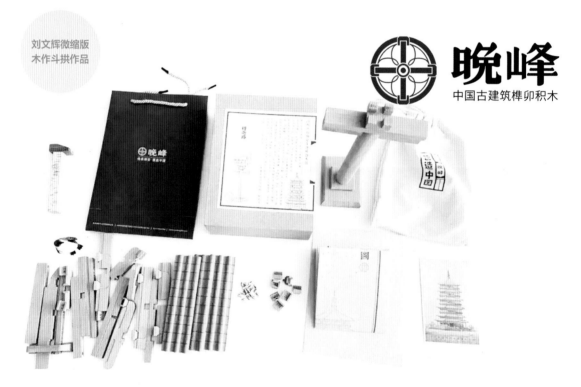

建筑大师梁思成在《中国建筑史》一书中指出，研究中国建筑可以说是逆时代的工作。现代建筑在生活场景中占据了绝对优势。在传统建筑日渐式微的当下，如何将这项中华文化的瑰宝流传下去，成了建筑爱好者们竭力探索的难题。

刘文辉的斗拱事业为传统匠人的技艺传承指明了一条可以持续前进的路。笔者参观过刘文辉的工作室，其设计流程与现代木作流程一致，即从原始构想到草图、三维模型，再到验证样品及制作成品，并最终生成各种符合设备加工的图纸。与上述两位匠人不同，他将研发的产品完全商业产业化，在线上线下都有一定的商业平台进行推广销售。

2.3.9 偏向公司性质的木作设计

公司性质的木作与个人木作最大的区别在于公司性质的木作在整个生产过程中进行了有效的社会分工，各个工种各司其职，并通过商业运作使各工种相对稳定，各自得到相应的报酬，推动行业发展。在早期社会分工协作的工作中，产品有很深的设计师烙印，至今很多行业依旧保留设计师风格。我们在看北欧家具时，设计师的个人色彩十分浓厚。日本设计大师设计开发的很多椅子也深深烙上了个人的"签名"。在宜家卖场里很多产品保留了设计师或工作室的署名权。

设计师风格与设计师团队风格从不相悖，个人与团队的关系我们这里不做过多讨论，但在微木作行业，设计师成为主导要素，个人痕迹愈加明显。即使成立木作公司，也与其他实体公司的规模相差甚远。国内很多微木作公司偏向工作室性质，规模从几人到几十人，团队过百人的公司寥寥无几，国内如此，国外亦是如此。

诸多实木家具公司中，上规模的设计师团队寥寥无几，反倒是以复合材料应用为主的家具公司，因为高性价比及市场容量，出现了不少巨头及大体量的设计研发机构。无论是大体量还是小体量的木作公司，都需要"五脏俱全"，设计师与设计师之间的协作，设计师与工艺师或工人的协作，都成了整个设计流程的关键。

近几年，在互联网销售平台的刺激下，各种品牌微木作文创如雨后春笋般出现。例如，知音文创以音乐盒作为细分行业的主赛道，前面提到的本来设计，还有魏杭帅创立的唯诗品牌——在香插行业占有一席之地。此外，新锐设计师蔡银博创立的原上城木作品牌，在木作行业复刻了宫崎骏的设计风格，取得了较好的市场与口碑。

知音文創

知音文创的
音乐盒

用香插讲述东方美学的唯诗品牌

原上城卡通木偶

北美黑胡桃

黑檀木

白蜡木

法国榉木

硬枫木
缅甸柚木

公司性质的木作流程必须考虑社会分工，不仅包括工作性质的分工、代工，还有产品的行业赛道精分、产品风格定位等。对设计师而言，打通现代木作设计的基本流程是基础，而让设计制作变成商业性质的，理顺整个运作环节，特别是商业销售环节，则显得尤为重要。

小结：具体化、数据化、可复制化是现代木作设计开发的基础，这里不是不鼓励类似传统匠人的艺术创作及师徒传承，而是对于设计师来说，批量及可持续发展是行业的使命。

2.4 激光雕刻软件及基本应用介绍

2.4.1 认识激光雕刻机

在当今的木作设计开发过程中，激光雕刻机的应用越来越广泛，常规应用于薄板激光切割及商标信息等的激光打标雕刻上。激光雕刻机，即利用激光对材料进行雕刻的一种先进设备，它不同于机械雕刻机和其他传统的手工雕刻方式。机械雕刻机是使用机械手段，比如金刚石等硬度极高的材料来雕刻其他东西。

用激光切割相对较薄的三夹板是展示模型制作的关键环节

一般来说，激光雕刻机的使用范围广泛，而且雕刻精度高，雕刻速度也快。相对于传统的手工雕刻方式，激光雕刻也可以将雕刻效果做到很细腻，丝毫不亚于手工雕刻的工艺水平。正是因为激光雕刻机有着诸多优越性，所以现在激光雕刻机的应用已经逐渐取代了传统的雕刻设备和方式，成为主要的雕刻工具。

不同材质上的激光打标效果

激光雕刻机能提高雕刻的效率，使被雕刻处的表面光滑、圆润，迅速地降低被雕刻的非金属材料的温度，降低被雕物品的形变和内应力。根据激光光源的不同，激光雕刻机可以分为 CO_2 非金属激光雕刻机和光纤金属雕刻机。CO_2 非金属激光雕刻机一般国内采用玻璃激光管较多，也有部分高端激光雕刻机采用 CO_2 金属射频管。

激光雕刻机有很多种，如桌面迷你激光雕刻机、小型桌面激光雕刻机、封闭式中小型激光雕刻机、立式中型激光雕刻机及大型卧式激光雕刻机，价格从几百元到几万元，甚至过百万元。对于木作设计师而言，选择一款什么样的激光雕刻机，一方面视自己的经济情况而定，另一方面可以从性价比及激光雕刻机的作业范围来定。如果设计师仅仅制作微木作的激光切割或打标，作业范围有限，则可以选择小型桌面激光雕刻机；如果需要高频次高功率使用的，则可以选择价格过万元的激光雕刻机，比如中型过万元的激光雕刻机非常容易雕刻三夹板及亚克力板；大型的激光雕刻机往往用于钣金件的激光切割。

不同种类的
激光雕刻机

桌面迷你激光雕刻机　　小型桌面激光雕刻机　　封闭式中小型激光雕刻机　　立式中型激光雕刻机　　大型卧式激光雕刻机

激光雕刻机优异的性能主要应用于切割及打标上，常规应用于薄板、布料（无纺布、毛毡布等）、各类塑料材料上，也能将计算机生成的图像（位图或矢量图）类似黑白印刷的方式浅薄地刻于物体表面。其中，处理面积稍大一些的如门牌、标牌上的字体雕刻成型，面积稍小一些的如笔记本、手机壳等的激光打标。

激光雕刻机是毛毡
布产品行业除模切
机以外最重要的简
便加工设备

木作设计开发过程中，笔者对于选择什么样的激光雕刻机更适合也权衡了一番，最终选择了性价比较高的宽幅作业范围的框架式激光雕刻机。

宽幅框架式激光雕刻机的基本构成

激光输出端　伺服电机　　　　　型材横梁

信息输入接口　开关　　　　　　型材横梁　伺服电机

固定支架

上图所示的激光雕刻机作业范围可达 60cm×60cm。对于木作设计师来说，在微木作范畴内，这样的作业面积已经足够了。另外，固定支架可以用木块垫高，以大幅度提升微木作环节中不同面及角度的激光打标效率。

如何确保使用激光雕刻机时的安全性。

第一，水平放置在桌面或地面上，作业区域最好放置磨砂大理石地砖，这样可以有效防止激光穿透切割物后对底面造成损坏。

第二，使用时可以佩戴配套的防眩光眼镜，毕竟强烈的激光对眼睛有一定的损害。

第三，应该将激光雕刻机进行有效固定，对于该款或近似款激光雕刻机，可以用热熔胶对支撑脚进行固定。

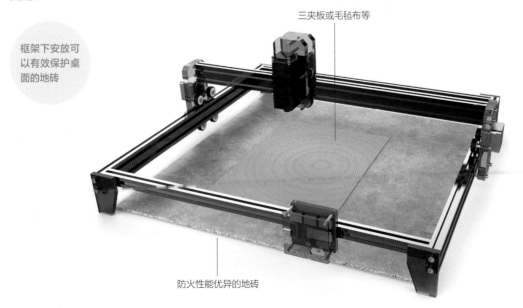

框架下安放可以有效保护桌面的地砖

三夹板或毛毡布等

防火性能优异的地砖

2.4.2 激光雕刻机软件

软件：微雕大师

微雕大师是鲁班 DIY 自主开发的一款针对激光雕刻机操作的软件，微雕大师能直接雕刻各种图片、文字效果，无须生成雕刻代码，与鲁班 DIY 的 V4 控制主板完美融合，是目前中小型激光雕刻机中操作简便、功能强大的软件。

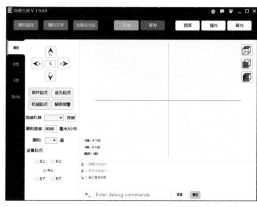

该款框架式激光雕刻机配套的微雕大师软件

功能介绍

直接雕刻矢量图：加载匹配的矢量图直接雕刻，一般为 SVG 格式，不同版本的可能有 DXF 或 DWG 等格式。

直接雕刻图片：无须生成雕刻代码，加载图片，单击"雕刻图形"按钮即可轻松完成。

直接雕刻文字：无须生成雕刻代码，输入文字，单击"雕刻文字"按钮即可轻松完成。

支持 G 代码：可直接雕刻第三方软件生成的雕刻文件。

支持激光功率调节：可调节激光功率。

支持弱光定位：打开弱光调节激光焦距，确定激光起点。

支持雕刻图形预览：雕刻前预览图形，保证雕刻位置精准。

支持任意设置起点：根据材质形状设置激光起点。

支持单线文字雕刻：文字雕刻非常快，可雕刻超小文字。

支持点阵文字雕刻：常用于雕刻生产日期等信息。

支持轮廓雕刻：雕刻空心效果，常用于激光切割。

支持实心雕刻：雕刻效果所见即所得。

支持灰度雕刻：可雕刻灰度照片。

支持自动重复雕刻：适合材质切割一遍不穿时使用。

支持步进电机设置：支持设置步进电机正反向。

支持多语言：支持中文、英文、繁体中文等语言。

高级调试模式：满足不同的 DIY 需求。

支持格式：图片文件 *.jpg、*.bmp；矢量图 *.svg；G 代码 *.nc 等。

2.4.3 激光雕刻机对应设计软件的介绍

激光雕刻机只能呈现二维图形图像的雕刻，因此只需要使用生成这种图形的软件即可。常规广告公司较为普遍的应用软件是 CorelDRAW、Illustrator、Photoshop；对于很多设计爱好者而言，各类矢量图软件、Rhino 建模软件、SolidWorks 软件、UG 软件等都可以导出矢量图的图形文件。

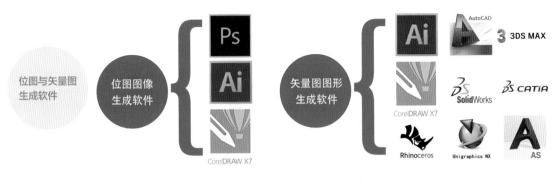

设计软件对接导入激光雕刻机软件时，矢量图基本为切割或打标文件；位图图像则为图像打标文件。微雕大师软件中有 4 种雕刻模式，分别为灰度雕刻、轮廓雕刻、折线雕刻及逐点雕刻。图像雕刻的控制界面里还有雕刻速度、雕刻面积等参数。

图像雕刻的控制界面

不同雕刻模式的应用示范如下。

图形图像与雕刻模式结合的场景应用

▲ 单线文字　　▲ 轮廓文字　　　▲ 逐点文字　　▲ 实心文字

▲ 灰度雕刻　　▲ 轮廓雕刻

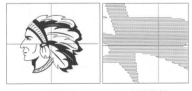
▲ 折线雕刻　　▲ 折线雕刻放大效果

▲ 逐点雕刻　　▲ 逐点雕刻放大效果

2.4.4 激光雕刻机具体使用方法

激光雕刻机在使用之前，除了检查机器能否正常使用，还需要调光，主要调整激光束的大小与强弱。因此，在雕刻产品之前，最好用近似或同等厚度的板材进行调光，以确保最密集的光束照射在板材上。确定好后，可以关闭激光束，准备文件的雕刻打印。

激光对标时，选择近似厚度上最小面积的光斑为雕刻的标准。

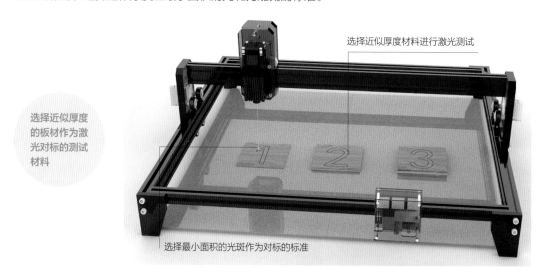

选择近似厚度的板材作为激光对标的测试材料

选择近似厚度材料进行激光测试

选择最小面积的光斑作为对标的标准

对位时，结合软件的区域进行有效定位。

矢量图是激光雕刻机使用过程中应用最多的图形，笔者常用的软件为 Rhino 建模软件。接下来为大家作一个应用示范。这里以木尺为例，在 Rhino 软件中绘制尺子的框架、读数及刻度。第 1 步为激光打标，主要确定内框尺子的准确位置；第 2 步在 Rhino 里导出没有内边框的尺子并将尺子放置在确定的打标区域；第 3 步完成整个打标过程。

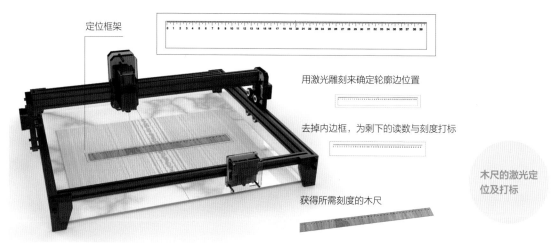

定位框架

用激光雕刻来确定轮廓边位置

去掉内边框，为剩下的读数与刻度打标

获得所需刻度的木尺

木尺的激光定位及打标

注意事项：在整个过程中，框架式激光雕刻机、底部瓷砖及大面积三夹板的位置需要固定不变；第一次用激光雕刻机雕刻全封闭的长方形线框来确定尺子的位置，加工刻度时，可以将长方形线框修改为 4 个角的短线条，这样做主要是为了防止将长方形线框雕刻在木尺上。

2.4.5 激光雕刻机应用案例

▪ 1. 毛毡布激光雕刻应用

毛毡属于针刺工艺，原材料可以使用涤纶纤维、丙纶纤维、粘胶纤维、棉花、驼毛等纤维类材料，经过梳理、铺网、针刺而成。毛毡布有软毛毡布和硬毛毡布，这根据密度来划分。不同密度的毛毡布的应用领域也不同。软毛毡布一般密度较小，比较蓬松柔软，常应用于服装、家纺、口罩、包装等，作为填充保暖材料，经过热压后，还可以作为定型用的过滤棉材料；而硬毛毡布的密度一般比较大，而且整体是硬邦邦的，可冲切成各种形状的零件，用于抛光、打磨，还可以作为板材、地垫等。

色彩丰富、缓冲性能好的毛毡布及实际应用

毛毡布的优点：伸缩性比较好，可用于皮革滚动带、造纸吸浆带等；保暖性好，可制成各种规格的毛毡鞋垫；具有保湿性和较好的弹性，可制成汽车门窗密封条等；过滤性好，可用于吸油，轮船油桶的下面大都采用毛毡，以保持轮船的清洁；用毛毡包装机器零件，可防尘、防震；具有消音效果，可用于乐器中。

接下来以杯垫为例，展现激光雕刻在毛毡布产品中打样应用的效果。按照简化的设计流程来呈现整个案例：第1步，市场调研，了解产品的基本样子；第2步，绘制设计构想草图；第3步，在三维软件里绘制刀版平面图；第4步，产品雕刻打样验证。

案例1——毛毡布杯垫激光雕刻应用

第1步，市场调研，可以手绘记录并适当整理分析。市场调研这里主要通过网络搜索，涉及的网站有百度、淘宝、京东及设计网站（如花瓣、站酷等）。

现有毛毡布杯垫产品图样

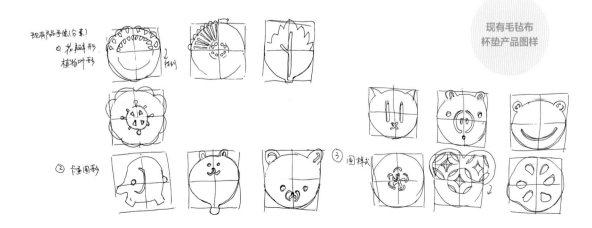

第 2 步，隔热杯套与常规杯垫结合的设计思路。通过草图来初步获得产品开发的路径，并依据这个路径来设计差异化的毛毡布杯垫。

双重实用性的杯垫思路及效果呈现样式

第 3 步，在三维软件里绘制刀版平面图。在绘制刀版图的过程中，需要测试激光雕刻机雕刻毛毡布时的激光临界点，如切割边缘的宽度、最小的圆圈镂空及常规切割毛毡布时光线的强度及循环切割的次数，以便后续打样，减少反复打样的次数。

① 在激光切割之前进行激光对标，寻找最小面积的光斑。

基于功能考虑的花瓣状毛毡布杯垫的加工过程

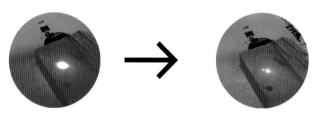

② 绘制设计轮廓，导入微雕软件进行加工前的准备。用三维软件导出 .svg 格式的图形。
③ 对毛毡布进行激光雕刻，该过程可能需要重复操作，直至雕刻完成。

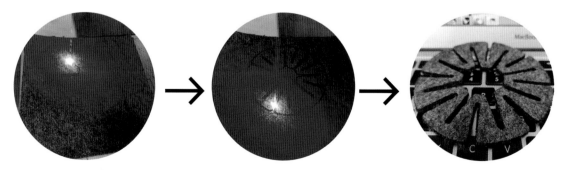

第4步，验证结果。作为杯垫，本次的设计及打样还是相对成功的，但作为杯套的隔热层，本设计还有待改进。一个问题在于杯壁与毛毡布杯垫之间的摩擦力不够，用作杯套时容易滑落；第二个问题在于不同尺寸的杯子要求刀痕的位置不同，因此需要反复验证相应的参数。但作为纯粹杯垫的激光切割打样，本次实验是成功的。

毛毡布杯垫打样的结果及使用效果

案例2——立体毛毡布产品激光雕刻应用

第1步，市场调研。可以在网络上搜索关键词（如毛毡布、纸艺等），寻找自己想打样的产品，后续可尝试再设计。

【空气花瓶】是由东京建筑师 Torafu 设计的，最初形状像一张纸，非常薄、非常轻，但强度高。固定底面把边缘往上拉，就变成了一个空气花瓶，根据自己的喜好，拉伸不同的高度能得到不同的形状。

应用纸拉花工艺而成的容器

第2步，设计草图。依据市场调研得出的原理，用毛毡布来设计开发可以拉伸的篮子。使用时通过重力直接拉花形成类似篮子的容器，不使用时则可以将其折叠变成纸巾厚度的薄片。

依据拉花原理再设计的毛毡布拉花篮子

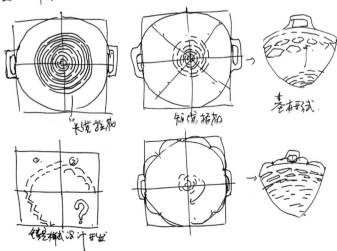

小尺寸的毛毡布篮子雕刻示范

项目总结：从雕刻上来说，本案例实现了软件的输入、输出及制成了实物样品，初步验证了拉花工艺应用于毛毡布篮子的可行性。因为制作小样时，设定的尺寸偏小，所以只能形成碗状的"拉花碗"。后续实验者可以根据自己的诉求来实现1：1的样品验证制作。

■ 2. 木质材料激光雕刻应用

薄三夹板激光打标及切割应用

三夹板是常见的胶合板，是将三层薄木板按不同纹理方向粘在一起制成的。

广泛应用于各类模型制作的三夹板

三夹板的优点：结构强度高、稳定性好、材质轻、弹性和韧性良好，以及耐冲击、易加工和可涂饰、绝缘等。

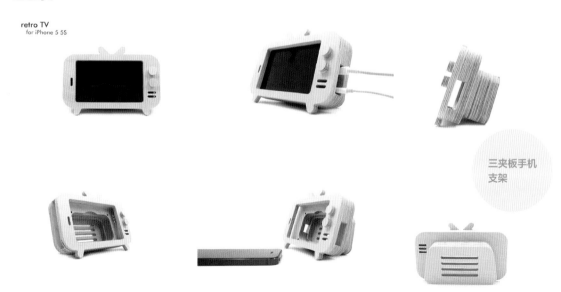

retro TV
for iPhone 5 5S

三夹板手机支架

制作上图所需的工具与材料：激光雕刻机、薄三夹板、木胶、木工夹、游标卡尺、薄片磁铁等。

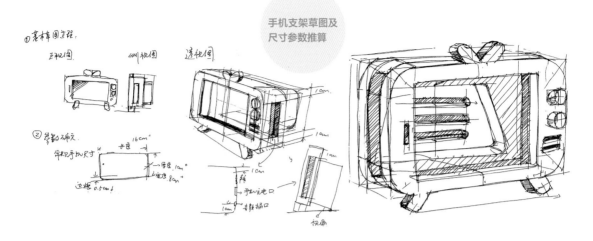

手机支架草图及尺寸参数推算

通过手绘及测绘，绘制基本模型并设定长、宽、高，后续再确定各个细节，最后确定模型示意效果图。

手机支架效果图

施工图绘制：将产品正视图的矢量轮廓以 .svg 格式导出到微雕软件中，准备激光切割加工，通过确定雕刻的三夹板的厚度、木作手机支架侧面的尺寸，计算出不同形状所需加工的数量，这里就需要用到游标卡尺的测绘及三维模型的尺寸计算。

依据 2mm 厚度三夹板来计算所需雕刻的轮廓及数量

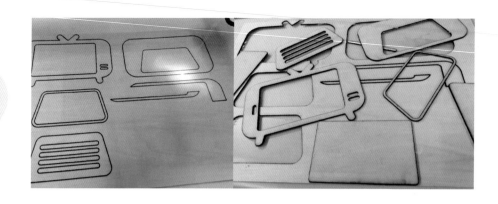

激光雕刻在板材类木作设计中的应用

木钟表是木作爱好者非常喜欢的一个题材，常规的轮廓可以通过车床来完成，也可以用三轴雕刻机来完成。产品基本型定稿后就可以用激光打标了，木钟表的刻度及数字显示可以根据自己的喜好来设置。

制作下图所需的工具与材料：激光雕刻机、榉木板、游标卡尺、木工车床等。

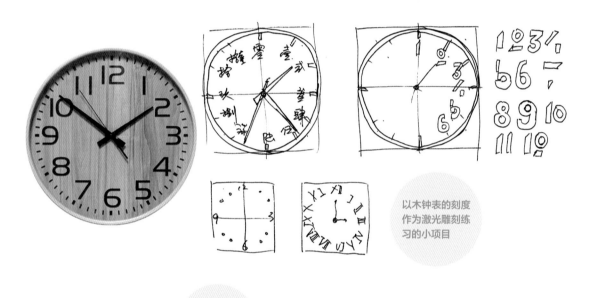

以木钟表的刻度
作为激光雕刻练
习的小项目

设想要完成的
木作样品及刻
度数字形式

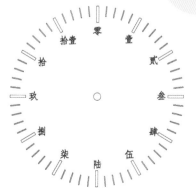

激光打标的过程：第1步，根据木作的厚度来微调光斑，然后在试验的木板上打标，以确定清晰度符合要求；第2步，用软件输出外轮廓，纯粹打标外轮廓圆形，后续可以将制作完成的木作进行准确定位；第3步，用软件导出数字刻度及不带外轮廓的短线（用微雕软件里的坐标匹配），再将木钟表刻度及数字等精准地打标在放置好的木作上，最后样品制作完成。

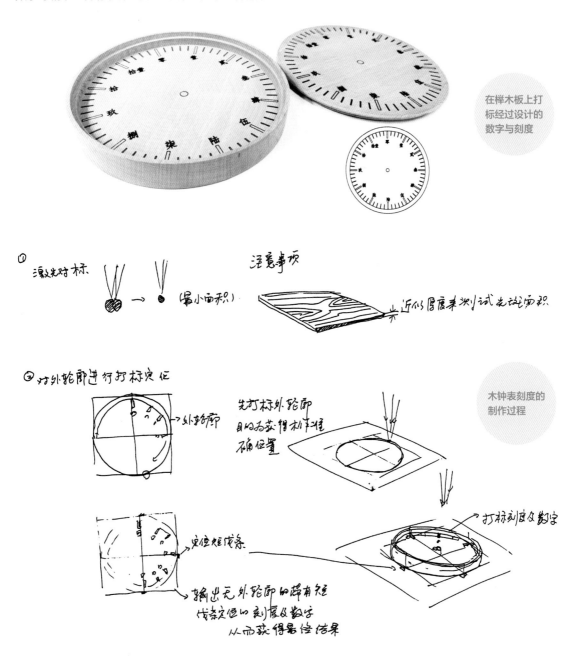

在榉木板上打标经过设计的数字与刻度

木钟表刻度的制作过程

小结：激光雕刻是本书中频繁使用的操作，应用面非常广泛，我们通过对一些案例的学习及实践，基本能对激光雕刻有一个完整的认识；大宽幅的框架式激光雕刻机在大面积的作业场景里比较适合；后续如果涉及批量激光雕刻，则需要配套夹具来固定木作。

2.5 三维软件 Rhino 及工程软件的介绍

　　Rhino 是美国 Robert McNeel & Assoc 开发的专业 3D 造型软件，它可以广泛应用于三维动画制作、工业制造、科学研究及机械设计等领域。它能轻易整合 3ds Max 与 Softimage 的模型功能部分，制作要求精细且复杂的 3D 模型，能输出 OBJ、DXF、IGES、STL、3DM 等文件格式。

拥有优异曲面建模能力的 Rhino 软件

　　Rhino 可以创建、编辑、分析和转换 NURBS 曲线、曲面和实体，并且在角度和尺寸方面没有限制。Rhino 几乎是所有工业设计爱好者或从业者都需要掌握的设计软件。Rhino 提供的曲面工具可以精确地制作用于渲染表现、动画、工程图、分析评估及生产用的模型。在木作设计中 Rhino 既可以导出 CAD 图，也可以转换成三维雕刻机软件所需的文件。

　　Rhino 是笔者常用的设计软件，也是本书出现最多的建模软件，在矢量图方面可以代替 CorelDRAW 或 Illustrator 软件，输出的文件可以用于激光雕刻机激光打标。

　　SolidWorks 是一个易于使用、参数化和实体建模的设计工具，可以创建完全相关的三维实体模型，实体之间可以存在约束关系，也可以不存在约束关系；可以使用自动或用户定义的约束来反映设计意图。

具有强大机械设计能力的 SolidWorks 工程软件

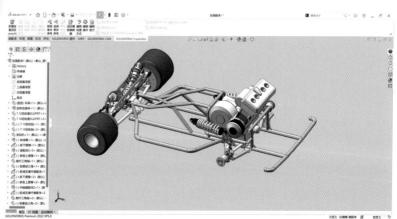

SolidWorks 软件组件众多，具有功能强大、易学易用、技术创新三大特点，可以提供不同的设计方案，减少设计过程中的误差，提高产品质量。虽然市场上开发的设计软件越来越多，功能也越来越全面，但是 SolidWorks 软件在机械行业仍然享有很高的地位，在实体、表面、钣金设计、运动仿真、有限元分析等模块中具有不可替代的功能。

UG 软件是 Siemens PLM Software 公司出品的一个产品工程解决方案，它为用户的产品设计及加工过程提供了数字化造型和验证手段。

UG 是一个交互式 CAD/CAM（计算机辅助设计 / 计算机辅助制造）系统，其功能强大，可以轻松实现各种复杂实体及造型的构建，已经成为模具行业三维设计的一个主流应用。

偏产品结构设计及模具设计的 UG 工程软件

ALIAS 是 Autodesk 公司旗下的计算机辅助工业设计软件，支持从平面创意草图绘制到高级曲面的构建。它有着极高的自由度，可以对构建的曲面、曲线精确到点的细致雕琢，提供极高质量的造型曲面。

曲面功能非常强大的 ALIAS 软件

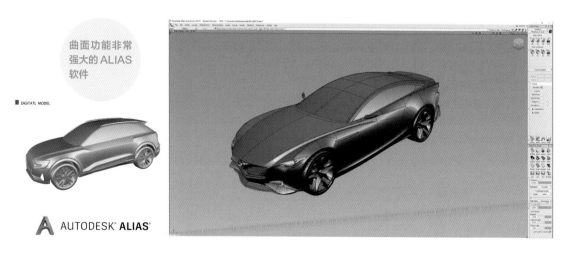

对于当下的设计师而言，熟练掌握一款建模软件是非常重要的，这有助于将构想参数化建模，最终以参数化形式导出，确定产品的结构及尺寸。例如，笔者在设计时，前期的效果呈现用 Rhino 建模加 KeyShot 渲染，后期用 UG 工程软件进行结构设计。

2.6 三轴雕刻机的应用

2.6.1 三轴雕刻机的介绍

三轴雕刻机实际就是数控机床的简化版，三轴雕刻机是微木作加工工具或设备里最为贵重且应用最为广泛的工具之一。它在某种程度上可以代替很多木作加工工具，因此用好三轴雕刻机是非常重要的。

山崎马扎克品牌的各类数控加工中心

JDHGT400T

JDHGT600T

JDHGT800T

JDHGT1200T

JDHGT2000

北京精雕的三轴高速加工中心

说到数控木工加工中心，我们不得不提到数控机床。以数控木工铣床（包括数控刨床、数控雕刻机等）为代表的数控木工加工中心、数控木工车床、数控木工锯床、数控木工钻床相继问世，形成了门类齐全、系列齐全的格局，成为推动木工和家具机械行业发展的主力军。数控木工加工中心不仅更先进、更人性化，而且加工精度更高，有效降低了工人的劳动强度和对工人操作技能的要求。

多头高效率的木工加工中心应用于木工行业的加工中，工位有两个、三个，甚至更多个三轴数控，大大提升了加工的效率。

多头高效率的木工加工中心（局部）

三轴雕刻机是坐标轴的 3 个轴，即 x 轴、y 轴、z 轴，其中 x 表示左右空间，y 表示前后空间，z 表示上下空间，这样就形成了人的视觉立体感。三轴雕刻机由三维雕刻软件制作文件，在各种平面材质上完成平面雕刻或三维雕刻。三轴雕刻机与 3D 打印机的原理相似，三维是由二维组成的，二维即只存在两个方向的交错，将一个二维和一个一维叠合在一起就得到了三维；雕刻是一层一层地细削，而打印则是一层一层地堆叠。

三轴雕刻机的核心元器件示意图

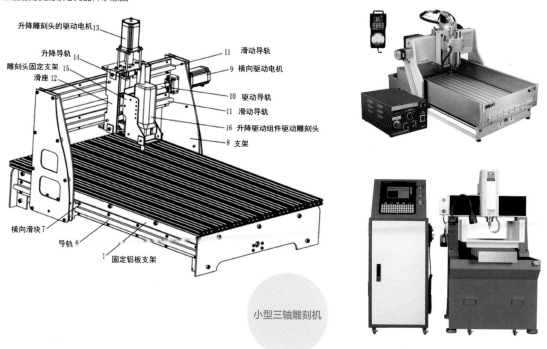

小型三轴雕刻机

1. 三轴雕刻机在不同行业的应用

木家具行业：主要适用于硬木浮雕雕刻，如红木古典家具和仿古家具的雕刻加工、木雕雕刻、木家具装饰件的精细雕刻等。

木制工艺品加工行业：主要用于礼品木盒、钟表文创产品木框、LED木质灯具的灯罩和底座、木公仔等的雕刻。

电子产品行业：主要用于电路板、绝缘材料、电子产品的树脂外壳或模型等的雕刻。

乐器生产行业：主要用于雕刻乐器三维曲面、切割乐器外形，如雕刻大、小提琴面板与吉他、二胡等三维曲面装饰件或组装件等。

金属制品行业：主要用于轮廓框架、夹具等的雕刻。

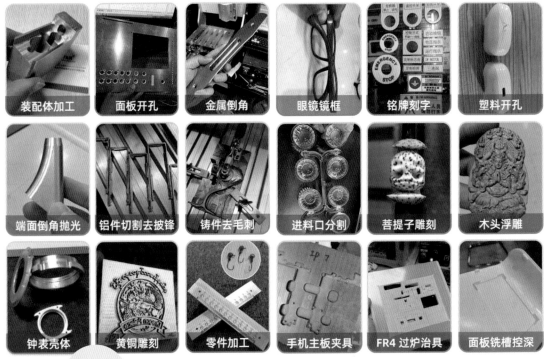

常见的三轴雕刻机的实际应用

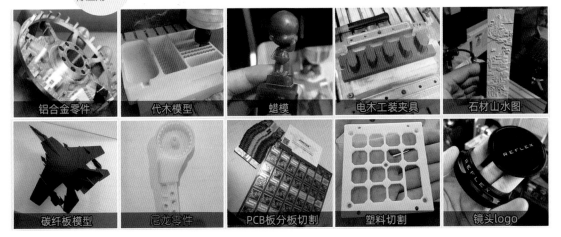

■ 2. 给三轴雕刻机制作或购买一个防尘罩

　　笔者在微木作创作加工过程中采购的是小型三轴雕刻机，主要加工对象是各类木头、硬度较低的金属，如铝、铜、锡等，以及塑料、尼龙等材料。

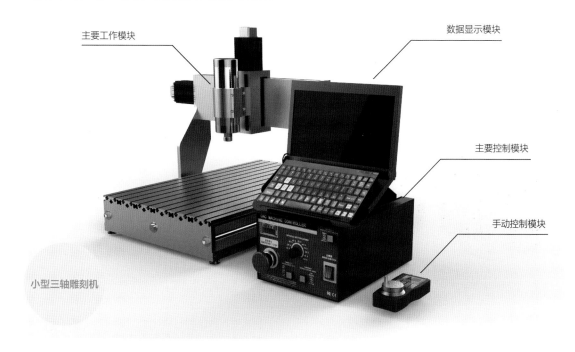

主要工作模块

数据显示模块

主要控制模块

手动控制模块

小型三轴雕刻机

　　加工木料时，容易产生木屑及粉尘，如果将该机器置于某个开放性位置使用，不久周边就粉尘四溢，因此需要为其外加一个防尘罩。

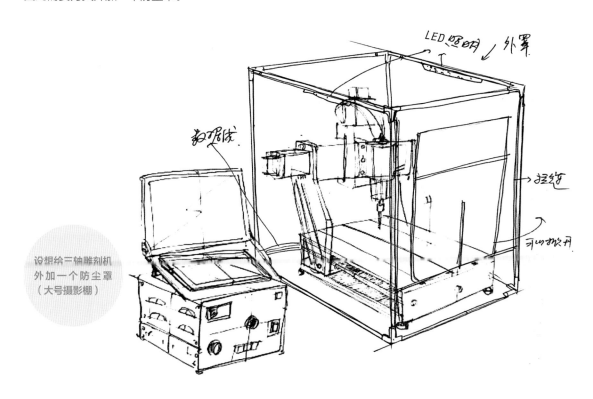

LED照明　外罩

设想给三轴雕刻机
外加一个防尘罩
（大号摄影棚）

为了制作一个性价比高的防尘罩，笔者费了不少工夫，如用泡沫 KT 板黏合、用透明亚克力板加工制作等，最终选择摄影棚解决了这个问题。摄影棚框架式与铝膜复合的外罩不仅轻盈牢固，而且三轴雕刻机在里面犹如被摄影的物件，各个细节清晰明了；加工产生的木粉尘可以通过工业吸尘器清理，非常方便、实用。

最终安装好的三轴雕刻机防尘罩及使用情况

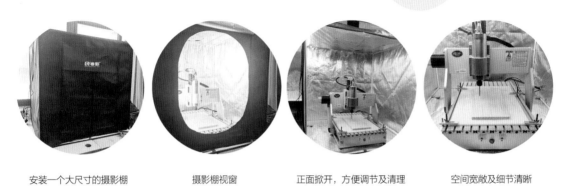

安装一个大尺寸的摄影棚　　　　摄影棚视窗　　　　正面掀开，方便调节及清理　　　　空间宽敞及细节清晰

■ 3. 三轴雕刻机控制模块

该三轴雕刻机主要有主控制箱及手轮两个控制模块。主控制箱由电源开关按键、手轮 / 电脑模式切换按键、紧急停止按键、主轴调速旋钮、主轴手动 / 电脑控制按键、主轴正反转按键、主轴转速面板等构成。

三轴雕刻机的主要控制模块及界面

主控制箱的基本说明如下。

■ 电源开关按键：控制主控制箱的通电情况。

■ 手轮 / 电脑模式切换按键：切换手轮模式控制或电脑模式控制。

■ 紧急停止按键：遇到紧急情况时按下，机器会立即停止。

■ 主轴调速旋钮：调节主轴的开关及主轴转速。

■ 主轴手动 / 电脑控制按键：可切换主轴速度的调整模式为手动或代码调速。

■ 主轴正反转按键：切换主轴的正转和反转状态。

■ 主轴转速面板：可显示主轴的状态和主轴频率。

手轮控制主要功能如下。

■ 智能手轮 X、Y、Z、A 四轴控制：微调定位，速度可在 ×1、×2、×5、×10、×20 中任意切换。

■ 精确定位：微调定位每格代表 0.01mm。

■ 自动分中功能：只需要以产品其中一边为零点，再碰一下产品的对边，按下自动分中按键，即可自动找到产品中点位置。

■ 快速返回原点功能：可以任意设置一个地方为手轮原点的坐标。用手轮移动到其他的位置，如果要回到原点位置，按下快速返回原点按键，X、Y、Z、A 四轴联动快速归零。

■ 记忆功能：独立控制机器，可以记录手轮移动的动作，也可以记录计算机程序移动的动作。对于一些小批量加工，可以用手轮记录程序，然后用手轮重复已经记录好的程序，类似小型的流水线加工。

■ 自动对刀功能：可以把对刀器插到控制器后面，按下手轮自动对刀按钮，刀具慢慢下降碰到对刀器，回弹 10mm。

■ 主轴开始 / 停止功能：手轮模式可以调节转速旋钮到一个想要的转速，如果需要停止转动，可以按下主轴开始 / 停止按钮。

2.6.2 三轴雕刻机的刀具

三轴雕刻机主要用的刀具是铣刀。铣刀是具有一个或多个刀齿的旋转刀具，主要用于在铣床上加工平面、台阶、沟槽及切断工件等。

▪ 1. 木工铣刀的介绍

木工铣刀是用于铣削加工的刀具，工作时刀体旋转，被加工物体不旋转，各刀齿依次间歇地切去工件的余量。铣刀是切削效率较高的多刃刀具，具有多种形状和尺寸。以端铣刀为例，铣刀的基本结构如下。

排屑槽 / 刀刃：铣头的凹槽是沿着切割器运行的深螺旋槽，而沿着凹槽边缘的锋利刀片被称为刃。刃切割材料，并且该材料的切屑通过旋转中的钻头推出排屑槽。每个排屑槽几乎都有一个刀刃，但是有些切割器每个排屑槽有两个刀刃。通常刀刃的齿越多，去除材料的速度越快，因此，4 齿刀可以用 2 齿刀两倍的速度切削材料。

螺旋角：铣刀的槽纹几乎总是螺旋形的。如果排屑槽是直的，整个刀刃会立即冲击材料，造成振动，降低精度和表面质量。以一定角度设置排屑槽可以使刀刃逐渐进入材料，减少振动。通常，精加工刀具具有更高的螺旋角，从而得到更好的加工效果。

柄：柄是刀具的圆柱形（非凹槽）部分，用于将其固定并定位在刀架中。

木工铣刀主要有平头铣刀、球头铣刀、尖头铣刀及其他铣刀。平头铣刀主要用于切割加工材料，平头铣刀有玉米铣刀、平底铣刀及单螺纹铣刀等；球头铣刀主要用于雕刻加工材料的表面；尖头铣刀主要用于加工材料的 V 形雕刻，如刻字、线纹雕刻等。

铣刀的基本结构

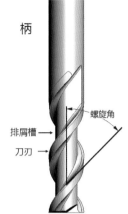

柄

螺旋角

排屑槽 →

刀刃

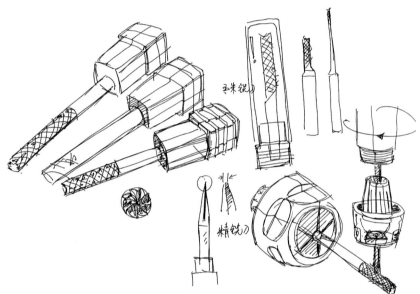

玉米铣刀

精铣刀

与三轴雕刻机配套的各种刀具

■ 2. 木工铣刀的选择

木工铣刀不仅要选择合适的，也要讲究性价比。市面上的铣刀主要可分为三档——普通、精品、高档。

普通铣刀有的包装非常普通，还有一类普通铣刀刷了油漆、加了透明的外壳，看着像精品，但本质还是普通铣刀，选择时要慎重。精品铣刀有的包装很简单，有的很精致，这类铣刀主要是刀刃锋利。一般来说，刀刃很亮且做工精细的是精品铣刀。高档铣刀质量可靠，但价格不菲。

一般而言，使用频率低，加工低密度、低硬度的板材，以及含钉子等的板材（对铣刀损耗很大），选用普通铣刀；加工高密度、高硬度的板材，选用质量好的铣刀。

以下是笔者经常使用的几款铣刀。

玉米铣刀

不同规格的玉米铣刀

玉米铣刀也称棱齿铣刀或者锣刀及菠萝纹铣刀，采用硬质合金棒材制成，具有高硬度、高耐磨性、高强度、抗弯曲、抗折损，一般用于加工合成石、电木、环氧板、玻纤板等绝缘材料。

该类铣刀在机械加工中主要用于粗铣余量，可用于小平面、台阶侧面及底面、沟槽等的铣削加工，使用灵活方便，具有较高的加工效率。

平底铣刀

平底铣刀主要用于铣凹槽、去除大量毛坯、对小面积水平平面或者轮廓进行精铣，笔者常用平底铣刀在面板上打小孔，如音响孔位的打孔铣削。

平底尖刀

平底尖刀非常尖锐、锋利，雕刻时下刀速度要相对较慢，因为这种尖锐的刀具抵抗下扎的能力较弱，速度过快容易崩刀。

单刃铣刀

单刃铣刀容屑、排屑性能好，可以使用高转速，而且快进给切削，所得表面质量好。由于刃数的多少直接关系到切割速度的快慢，所以单刃铣刀比双刃铣刀的加工速度慢。

平底铣刀

平底尖刀

单刃铣刀

2.6.3 雕刻防护板及夹具

压板一般使用电木板。电木板是由品质优良的漂白木积纸及棉绒纸作为补强物，并以高纯度、全合成的石化原料所反应制成的酚醛树脂作为树脂黏合剂制造而成的。电木板在雕刻的过程中主要起"垫背"固定作用，由于性能好、不易变形且对刀具损害小，因此应用比较广泛。

电木板

夹具主要起固定作用。常用的夹具如精密手动平口钳，主要在雕刻加工较小木料的表面时起固定作用。

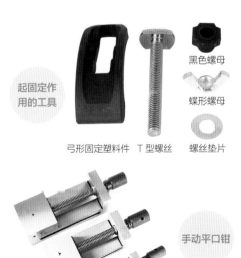

起固定作用的工具

黑色螺母
蝶形螺母
螺丝垫片

弓形固定塑料件　Т型螺丝

手动平口钳

2.6.4 三轴雕刻机加工木作所需的软件

三轴雕刻机加工所需的软件有 Rhino、SolidWorks、UG 等三维建模软件，这些软件可以导出 JDSoft SurfMill 软件所支持的三维模型文件，如 DXF、IGS、STP、OBJ、3DM、STL 等格式文件，然后由 JDSoft SurfMill 软件进行编程，变成适合三轴雕刻机中 Mach3 软件操作的 NC 格式刀路文件，接着结合手动控制模块进行定位，最终将编程的刀路在木料上进行数控加工。

JDSoft SurfMill 是一款功能强大的雕刻软件，可以帮助用户在软件中设计机械模型。

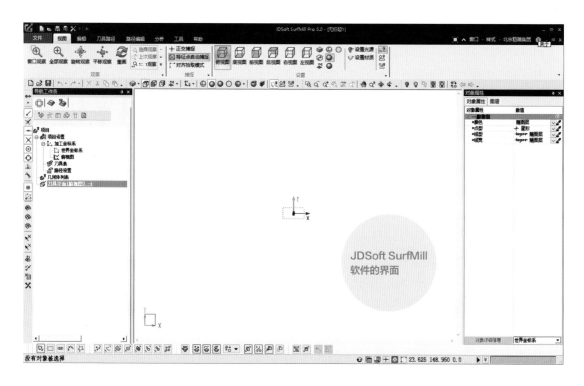

JDSoft SurfMill 软件的特色如下。

① 提供零件设计功能，可以帮助用户在软件中设计零件。

② 可以在软件中对曲面进行设计，编辑曲线。

③ 支持五轴加工和三轴加工。

④ 提供丰富的绘图功能，在软件中直接设计曲面。

⑤ 单击曲线工具就可以开始绘图，支持圆形、多边形、各种曲线图形的绘制。

⑥ 提供多种曲面生成方式，支持轮廓投影曲线、曲面的绘制，以及曲线上线条的绘制等。

⑦ 支持沿曲面偏移曲线、曲面交线及曲面边界线的绘制。

⑧ 支持曲面线条、曲面分模线的绘制。

⑨ 可绘制径向两点圆、两点半径圆、三点圆、圆心半径圆、截面圆等。

⑩ 绘制两次曲线，可生成自定义点、过顶点、过焦点。

⑪ 借助曲线可生成两视图构造曲线、中位线、空间镜像线、拉伸曲线。

⑫ 借助曲面可生成沿曲面上的 UV 曲线，使用者可以根据加工需求确定加工边界。

三轴雕刻机控制屏幕所显示的软件

Mach3 软件是开放式数控系统，操作简单、维护方便、性能稳定。标准计算机完全转换为全功能的 CNC（数控机床）控制器，最高 6 轴连动 CNC 控制，直接支持 DXF、BMP、JPG、HPGL 等多种文件格式输入。该软件广泛应用于数控车床、模具雕刻机、加工中心、木工雕刻机、激光打标机等。

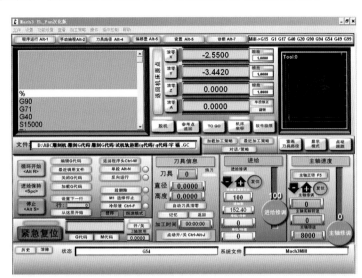

Mach3 软件的基本界面及功能介绍

按钮名称	按钮图标	按钮功能
紧急复位	紧急复位	电脑模式报警时，点击此按钮可以解除报警；碰到限位开关，点击此按钮可解除报警
加载 G 代码	加载 G 代码	G 代码文件需要打开时，可以点击此按钮
循环开始	循环开始 <Alt R>	打开 G 代码文件后，需要运行此 G 代码文件时，点击此按钮开始运行程序
返回程序开头	返回程序开头	运行完程序，需要重新运行一次这个程序时，可以点击此按钮返回程序开头，重新运行
关闭 G 代码	关闭 G 代码	把加载的 G 代码关掉，清除 G 代码
清零 X、清零 Y、清零 Z、清零 A 和返回机床原点	+0.0000 +0.0000 +0.0000 +0.0000	加工之前用手轮对好原点后，需要在 Mach3 里面点击清零 X、清零 Y、清零 Z、清零 A 按钮，即设定好原点坐标。如果碰到限位开关，可以点击返回机床原点按钮，再来清零操作
返回原点	返回原点	加工完程序后，可以点击此按钮，回到原点坐标
进给修调（加工速度调节）	进给 进给修调 100 复位 进给修调 6.00 进给 6.00 单位/分钟 0.00 单位/每转 0.00	加工过程中，如果需要对加工的速度进行人工干预调节，可以拖曳柱状条来调节加工进给速度
显示模式	显示模式	以平面 2D 模式或立体 3D 模式来显示加工路径，点击此按钮可切换显示模式
脱机	脱机	如果需要查看程序运行起始点或者运行状态，可以点击此按钮切换到脱机模拟
点动开 / 关	点动开/关	类似童锁功能，点击此按钮，计算机键盘就无法控制机器，程序还是可以联机运行

2.6.5 三轴雕刻机应用案例

■ 案例示范一：用玉米铣刀制作卡通木作冰箱贴

所需工具：三轴雕刻机、薄松木板、薄榉木板、磁铁、胶枪等。

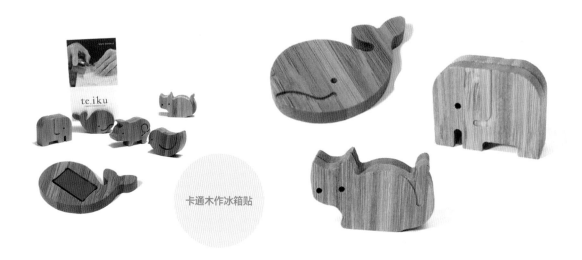

卡通木作冰箱贴

案例加工分析：根据模型的特点，确定加工方法，如哪些是需要轮廓切割的，哪些是需要铣槽的，哪些是需要孔位加工的，并根据加工的铣刀尺寸、磁铁尺寸及产品本身的相对尺寸协调制作出最终的模型。

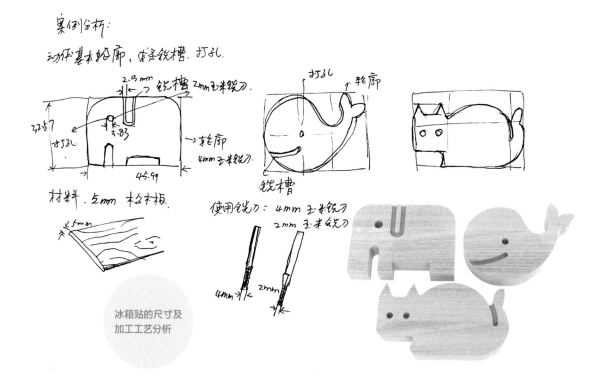

冰箱贴的尺寸及
加工工艺分析

三维建模与效果渲染：根据上述分析，通过三维建模来调整模型及轮廓线稿，渲染图可验证建模的细节是否符合设计要求，后续将三维模型导出为 STP 或 IGS 格式文件，在 JDSoft SurfMill 软件中进行编程处理。

建完模型及初步渲染后，确认各部分尺寸，将各个图形紧凑地放置在一个区域内，测绘出整体的长度和宽度，这样做的目的是寻找合适的木料。这里确定使用尺寸为 12.5cm×8.5cm×0.9cm 的榉木板，然后用热熔胶将榉木板固定在电木板或近似的"垫背"板上，以便后续加工。因为需要进行轮廓切割，所以除了周边需要用热熔胶固定，底部也需要用热熔枪将热熔胶以线条形式涂抹进行固定。这样做最大的好处在于固定牢固且后期可以通过铲刀剥离，不损坏切割后的木料。

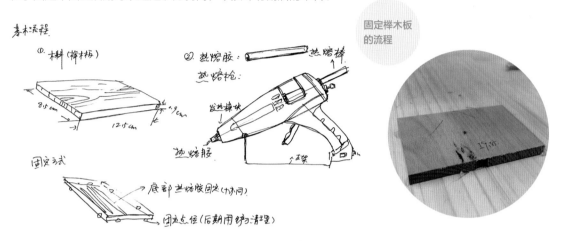

固定榉木板的流程

整个制作流程中最关键的就是使用 JDSoft SurfMill 软件编程，分析三维模型，设定加工方法。加工时，主要涉及轮廓切割及区域加工，分四步来完成。第 1 步是卡通轮廓的雕刻，可获得卡通冰箱贴的整体形状；第 2 步为动物眼睛区域的加工，这里用了 2mm 的玉米铣刀，雕刻深度为 6mm（2mm 玉米铣刀的深度），本过程也可以后续通过钻孔加工获得；第 3 步为辅助轮廓凹槽的加工，用的也是 2mm 玉米铣刀，至此获得了冰箱贴正面的轮廓及细节；第 4 步需要将前面 3 步加工好的木料翻到背面，再雕刻出直径 15mm、深度 5mm 的圆孔，这个圆孔主要用于放置磁铁，不同的磁铁需要不同尺寸的圆孔。

用热熔胶固定后进行加工

底部用热熔胶固定可以保证主体轮廓切割后不移位

后续用铲刀将主体与电木板分离，用铲刀及美工刀清理热熔胶

正面用热熔胶固定，再铣出磁铁的圆孔

用砂纸打磨制作完成的毛坯，这样不仅可以去毛刺，而且可以去除表面的刀痕或记号等。将磁铁安装好，这里还是用热熔胶滴胶固定的。至此形成了设想中样品的样子。

安装磁铁并完成样品制作

■ 案例示范二：单面曲面、双面曲面木制品的加工方法

单面曲面木制品的加工方法

先切割适合船体加工的方木料，将其固定在三夹板上，再将三夹板固定在硬质塑胶垫上。这里的三夹板主要用于提供加工误差的余量，不伤及硬质塑胶垫。单面曲面加工相对比较简单，只要将木料放置在与三轴雕刻机加工的 x 或 y 平行的位置，就可以进行准确加工。

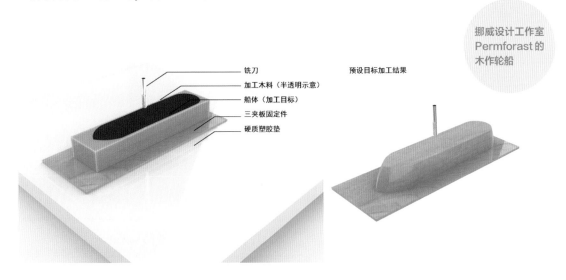

挪威设计工作室 Permforast 的木作轮船

铣刀
加工木料（半透明示意）
船体（加工目标）
三夹板固定件
硬质塑胶垫

预设目标加工结果

双面曲面木制品加工方法

双面曲面木制品的加工方法与单面曲面木制品的加工方法相似，但不同的是，双面曲面加工需要准确定位并固定，否则很容易产生雕刻误差。雕刻时，最容易产生的两个问题是角度错位及水平错位。误差小时，制作者可以用砂光机打磨来完善有瑕疵的双面曲面木制车体。

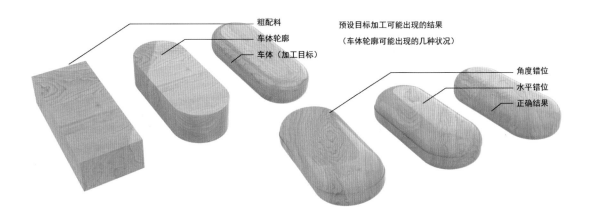

制作者最希望得到的是正确的加工结果，后续直接抛光后就可以上漆。为了得到正确的结果，双面曲面加工需要借助夹具定位来实现。夹具在很多机械加工中属于必备的辅助工具，木工雕刻中也非常需要夹具。在本次车体的双面曲面加工过程中，笔者使用了下面这种夹具形式。大家可以根据自己的理解来实验并试制其他的夹具。

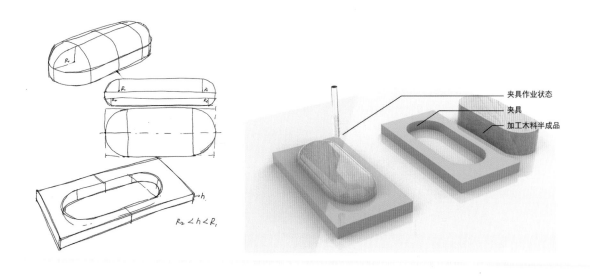

第 3 章

传统木工工具
与木作结构解析

工欲善其事，必先利其器。我国历代的能工巧匠凭借精益求精的工匠精神，发明并使用各式各样的木作工具。传统木作工具流传至今依旧发挥着其独特的魅力。

虽然当下很多木作工厂、木工坊进入了自动化、半自动化生产状态，传统木作在机械化生产面前失速了，但作为木作爱好者，特别是微木作设计师，还是需要了解传统木工工具与电动木工工具之间的关联及演变并加以灵活运用。

喜多俊之在《给设计以灵魂：当现代设计遇见传统工艺》一书中融入其实践的"思考全球化、行动在地化"的设计概念，向西方的现代设计中加入了日本传统工艺的元素，巧妙融合了现代设计与传统工艺。有感于"了解未来，才开始思索传统的美好"，希望木作创意可以从传统中来，到现代中去。

笔者作为中国的设计师和高校教师，有责任和义务在探寻、思考微木作的路上，通过灵活运用传统工具与现代工具来讲述其用途，身体力行地去实践。当然，笔者也深知自己在这个行业道行尚浅，只能寻师拜访求"真经"，通过观看各类手工艺视频练习"内功"，再外化为实践制作微木作的动力。

在这个塑料、金属大行其道的时代，笔者深信木作依然具有其独特的魅力。本章主要带大家认识繁多的木工工具，了解木作结构，并学习车床的使用方法。

3.1 木作设备及工具

3.1.1 锯切工具

锯是传统木工工具之一，用于木材的横向切断及纵向分解。手工锯历史久远，框锯按锯条长度及齿距不同，可以分为粗、中、细3种；金属锯的历史可追溯到商周时期，《墨子》中已有"门者皆无得挟斧斤凿锯推"的记述。"工"字形手工锯：一侧绷线，另一侧上锯条，推出时施力，拉回时放松。

锯切工具可以分为手工锯与电动锯。

常用手工锯：也称木工锯、锯子，是木匠们在加工木材时使用的工具，一般可分为框锯、刀锯、槽锯、板锯等。

电动锯：也称动力锯，以电作为动力，用来切割木料、石料、钢材等，边缘有尖齿。其锯条一般是用工具钢制成的，有圆形、条形及链式的。

■ 1. 框锯

框锯又名架锯，由"工"字形木框架、绞绳、锯条等组成。锯条两端用旋钮固定在框架上，并可用旋钮来调整锯条的角度。粗锯主要用于锯割较厚的木料；中锯主要用于锯割薄木料或开榫头；细锯主要用于锯割较细的木材和开榫拉肩。

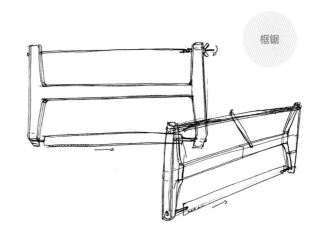

框锯

■ 2. 刀锯

刀锯主要由锯刃和锯把两部分组成，分为单面刀锯、双面刀锯、夹背刀锯等。单面刀锯，一边有齿刃，根据齿刃功能的不同，可分为纵割和横割；双面刀锯两边有齿刃，两边的齿刃一般是一边为纵割锯，另一边为横割锯；夹背刀锯的锯背上用钢条夹直，锯齿较细，有纵割锯和横割锯之分。

下图所示的刀锯，刀片较薄，锯齿较密，非常锋利，适用于各类小型木料锯切及后期如榫卯的精修锯切。

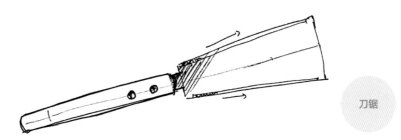

刀锯

■ 3. 槽锯

　　槽锯由手把和锯条组成，主要用于在木料上开槽。现在槽锯基本被开榫机取代。

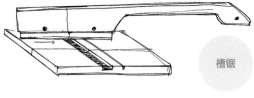

槽锯

■ 4. 板锯

　　板锯又称手锯，由手把和锯条组成，主要用于较宽木板的锯割。

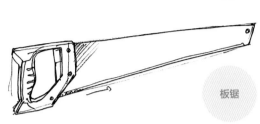

板锯

■ 5. 狭手锯

　　狭手锯锯条窄而长，前端呈尖形，主要用于锯割狭小的孔槽。

狭手锯

■ 6. 钢丝锯

　　钢丝锯又名弓锯，主要用于锯割复杂的曲线和开孔。

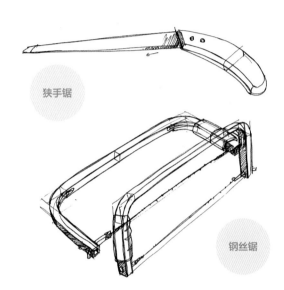

钢丝锯

■ 7. 迷你手持 U 形锯

　　迷你手持 U 形锯与钢丝锯相似，其最大的特点是尺寸小，适应多样尺寸的锯条。该手工锯主要靠螺丝紧固，是木作爱好者常用的手工锯。

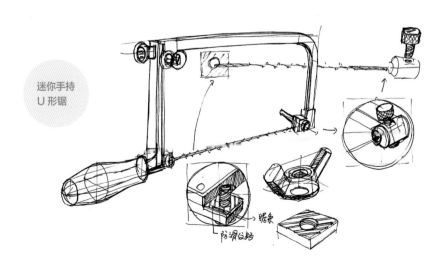

迷你手持
U 形锯

锯条

防滑公路

框锯的基本使用方法如下。

纵割法：将木料放在板凳上，用右脚踏住木料，并与锯割线成直角，左腿站直，上身微俯；锯割时，右手持锯轻轻拉推（先拉后推）几下，开出锯路，当锯齿切入木料 5mm 左右时，左手帮助右手提送框锯；提锯时要轻，可稍微抬高右手，送锯时要重，手腕、肩肘与腰身同时用力，有节奏地进行。这样才能使锯条沿着锯割线前进，否则纵割后的木材边缘会弯曲，或者锯口断面上下不一。

横割法：将木料放在板凳上，人站在木料的左后方，左手按住木料，右手持锯，左脚踏住木料，拉锯方法与纵割法相同。使用框锯锯割时，锯条的下端应向前倾斜。锯口要直，勿使锯条左右摇摆，以免产生偏斜现象。木料即将被锯断时，用左手扶稳断料，放慢锯割速度，直至把木料全部锯断，切勿任其折断或用手扳断，否则容易损坏锯条，木料也会沿着木纹撕裂，影响锯切质量。

手工锯在操作过程中最好配合各种夹具使用。如遇到中小号木板时，可以用 F 形木工夹或 G 形木工夹与台板（支撑面）夹紧固定；如遇到小号木板、木棍时，可以用木工台夹夹紧固定。

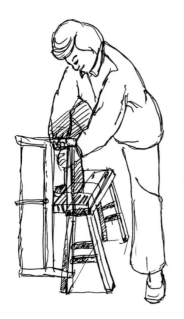
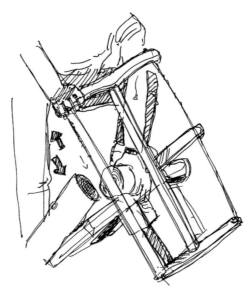

框锯的基本使用方式（脚踏、手按、拉锯等动作）

框锯结合固定夹具的应用

常规木工坊或自建木作工作室里往往有木工桌，侧面就有各种紧固装置，用于切割及刨平木板等木工动作。还有各类台夹，下面与桌子紧固，上面则紧固木板。台夹因为本身体型小，所以只能紧固偏小的板材。框锯相比其他手工锯，其尺度及锯齿都比较大，因此工作效率较高，但对于初学者来说，框锯的使用却是一项技术的考验。

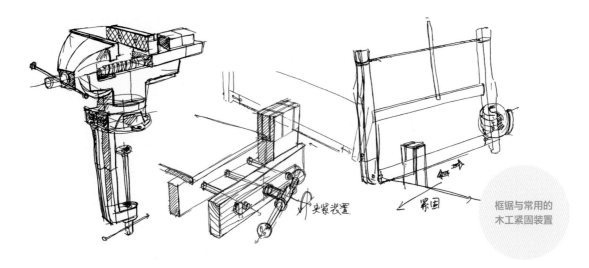

框锯与常用的
木工紧固装置

刀锯、板锯、狭手锯、钢丝锯等结合固定夹具的应用

　　刀锯、板锯、狭手锯、钢丝锯是非常容易上手的木工切割工具，它们普遍的特点是体型小、锯齿密且小、使用不费力且灵活方便，结合简单的木工夹，即可完成切割操作。这些锯子相对安全，非常适合亲子活动过程中儿童用于切割操作。

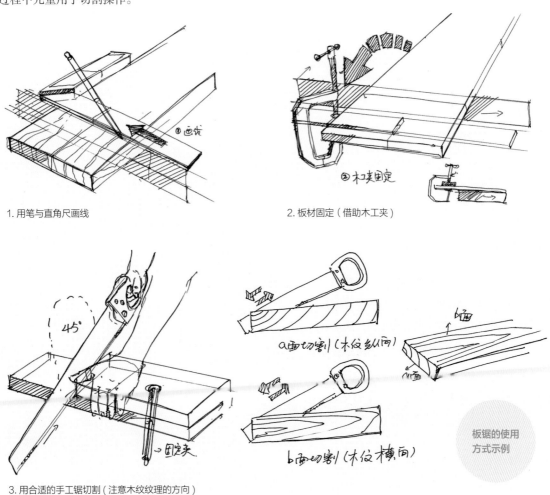

1. 用笔与直角尺画线

2. 板材固定（借助木工夹）

3. 用合适的手工锯切割（注意木纹纹理的方向）

板锯的使用
方式示例

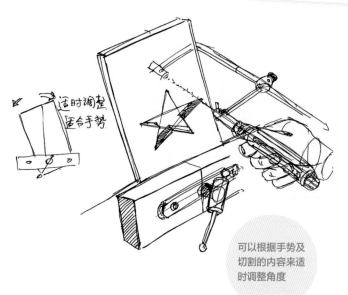

迷你手持 U 形锯结合固定夹具的应用

曲线锯法是木作加工中比较有趣的锯法，可以根据使用者的设定来锯割一些诸如动物等具象的轮廓。锯割外轮廓时，只要调整木板与夹具即可让操作更加方便；锯割内轮廓则需要先钻孔，再将迷你手持 U 形锯的锯条穿插后重新安装，锯割完毕，拆卸锯条即可。

可以根据手势及切割的内容来适时调整角度

精修手工锯及其使用方法

中国传统的精修方式往往是先用手工锯切割，然后通过铲子或木工刨进行精修。日式手工锯用于现代加工工艺，锯齿虽然属于单面刃，但单面又有 3 面刃，因此对多余的榫卯头或木板进行切割时，切面平滑，一次到位。最后用相应目数的砂纸打磨即可完成操作，非常方便。

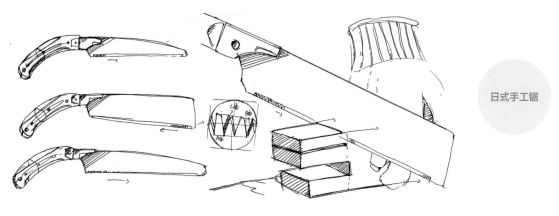

日式手工锯

日式手工锯轻薄坚韧，锯齿锋利，切割的截面整齐光滑，非常适合微木作的加工制作。该类型的手工锯设计合理，锯片（或称刀片）有不同的厚度，有双面刃也有单面刃，几乎可以适用于所有微木作的加工。

日式手工锯的特色

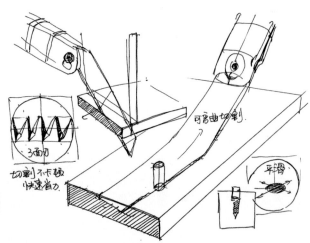

▪ 8. 迷你桌面圆锯机

这个是笔者比较喜欢的一款小型圆锯机，可以精准切割各类中小尺寸的薄木料，是物美价廉且不占地方的切割好产品。因为是电动圆锯机，所以在使用的时候需要非常小心。

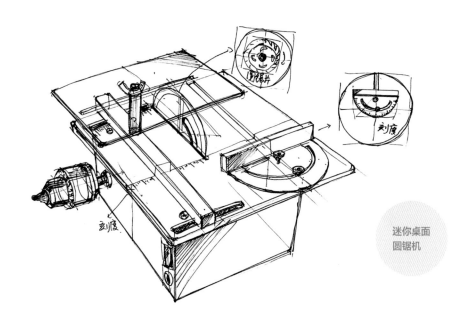

迷你桌面
圆锯机

▪ 9. 常规木工圆锯机

该款木工圆锯机是木工常用的设备之一，原理也比较简单，由圆锯片作为切割的主要模块，可以切割很多板材、管材。该机器配有角度可调的手推模块、尺度可调的挡板及角度可调的锯片，大家可以根据切割需求，制作有导轨的精准切割的辅助模块。

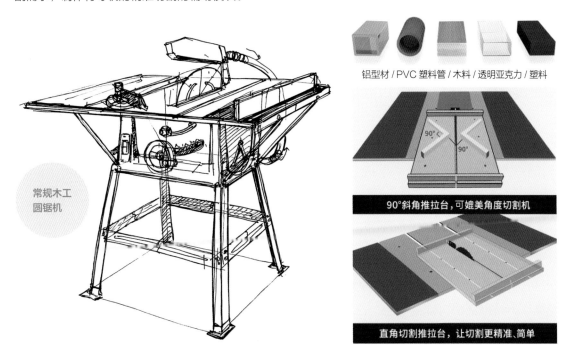

常规木工
圆锯机

铝型材 / PVC 塑料管 / 木料 / 透明亚克力 / 塑料

90°斜角推拉台，可媲美角度切割机

直角切割推拉台，让切割更精准、简单

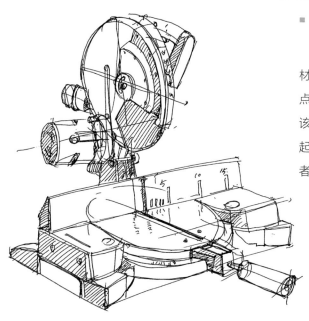

■ 10. 多功能斜切圆锯机

　　这种圆锯机功率比较大，适合切割木材、管材、型材等，是木作中常用的切割工具。它的优点在于能以准确的角度切割板材。使用的时候应该待切割材料被切断并且圆锯片停止运转后再抬起，这样可以防止圆锯片高转速运动时伤害使用者或损坏材料。

多功能斜切
圆锯机

■ 11. 木工往复锯拉花木板工具

　　木工往复锯拉花木板工具是切割电动工具里走位非常灵活的手推锯，可以沿曲线切割。这种工具经常被倒装在特定的非标设备上，以代替立式圆锯机。

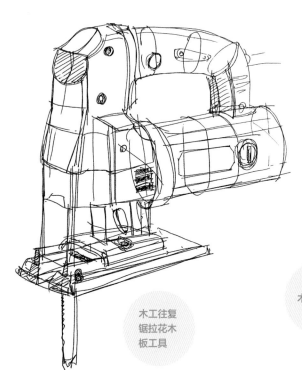

木工往复
锯拉花木
板工具

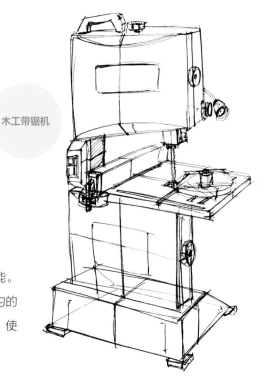

木工带锯机

■ 12. 木工带锯机

　　木工带锯机有直立的及卧式的，具有较好的切割功能。大号的木工带锯机能相对正确地切割各类板材，保证均匀的厚度；小号的优点在于体积小、性价比高，能切割图形。使用木工带锯机时，要注意安全。

■ 13. 小型卧式带锯机

该工具因为有夹具及可调整角度，所以相比其他手工圆锯机，其精准度更高，安全性也更好。

■ 14. 手提 / 倒装切割机

手提 / 倒装切割机与其他电动式切割机相比，它显得更加准确、方便、快捷、安全、实用。

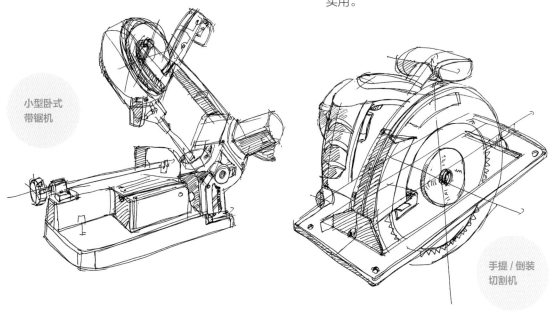

小型卧式
带锯机

手提 / 倒装
切割机

■ 15. 伐木锯

伐木锯最大的特色在于高功率下的链式锯条。有需要双手共用的，可以切割中大型号的原生木材的伐木锯（双手柄）；也有单手手持的伐木锯。切割大木板、茶台的场景中，经常可以看到伐木锯的身影。伐木锯主要用于前期切割大型木材及雕刻木作物件。

相比其他电动锯，伐木锯运转速度快，在使用的过程中要注意安全。

↑德国电机

↑安全锁

注油口

高温淬火链条

启动扳

锂电池

伐木锯

一体成型导板

对于微木作的制作而言，很多电动锯可以成为辅助工具。笔者用得最多的还是圆锯机，有小型桌面式的、支撑架式的及多功能斜切式的。另外，笔者还买了一台小号的带锯机及一台电动拉花锯。

3.1.2 固定工具

　　无论手工木作还是机雕木作，都要先固定木材，才能保证各项操作的精准进行。如果在木工坊制作木作，那就容易很多，固定的模块从木工桌到下面列举的一系列固定工具一应俱全，随手一拿就可以起固定作用。如果你是木作爱好者，受限于场地及工具作业范围，希望下面的内容对你有所帮助。

■ 1. 台钳

　　台钳是常见的固定工具，先固定底座，再通过螺杆拧紧的方式固定木块，这样即可进行后续的各种加工操作。台钳的形式有很多种，可以根据自己的需要来购买。

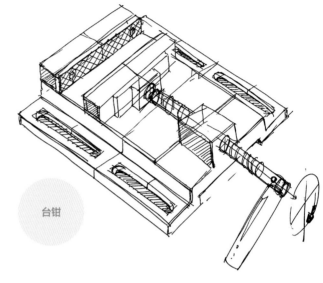

台钳

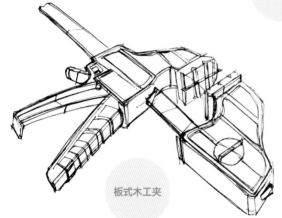

板式木工夹

■ 2. 板式木工夹

　　板式木工夹是木作里常用的固定工具，可以正向、反向固定。除了不同尺寸规格的板式木工夹，还有螺杆固定的金属木工夹。

■ 3. F 形、G 形木工夹

　　F 形、G 形木工夹比塑料质感的木工夹拧紧效果好，其缺点为接触面较小，在使用的过程中需要垫片辅助来增大夹具的接触面，从而避免木材所夹位置的凹陷问题。

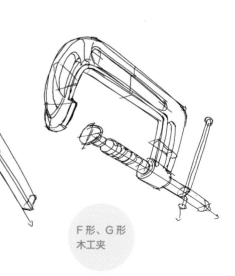

F 形、G 形
木工夹

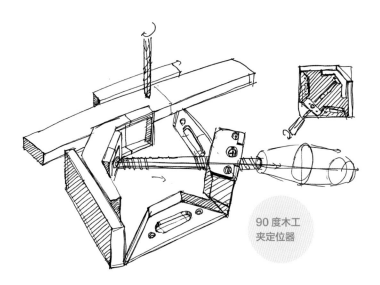

■ 4. 90 度木工夹定位器

90 度木工夹定位器可分为双手柄和单手柄的直角木工夹定位器，适合各类直角拼接工艺。

90 度木工夹定位器

■ 5. 木匠操作台夹具

木匠操作台夹具又称外夹式快速桌钳夹，其下面部分主要与桌面起紧固作用；上面部分有较窄的台夹，也有宽幅的台夹。

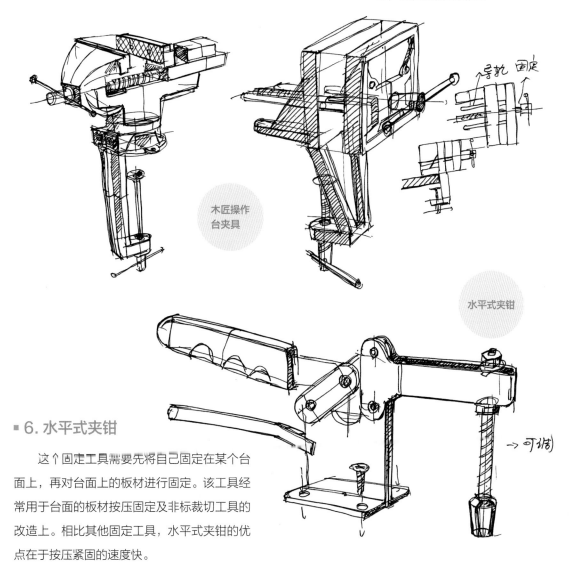

木匠操作台夹具

水平式夹钳

■ 6. 水平式夹钳

这个固定工具需要先将自己固定在某个台面上，再对台面上的板材进行固定。该工具经常用于台面的板材按压固定及非标裁切工具的改造上。相比其他固定工具，水平式夹钳的优点在于按压紧固的速度快。

3.1.3 车床及钻孔工具

■ 1. 微型木工车床

微型木工车床是常规车床的缩小版，可以放置并固定在稳定的桌面上，小巧灵便是该车床的一大特色，使用起来也比较安全。其升级版的则是数控木工车床，可以实现高精度、各种弧度和角度的加工。微型木工车床主要加工高精度的棍子、圆心对孔钻孔、圆形碗、手柄等。

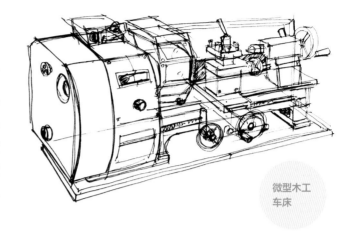

微型木工
车床

■ 2. 小型木工车床

小型木工车床需要配备不同的刀具，主要用于圆柱状木作产品的加工成型。

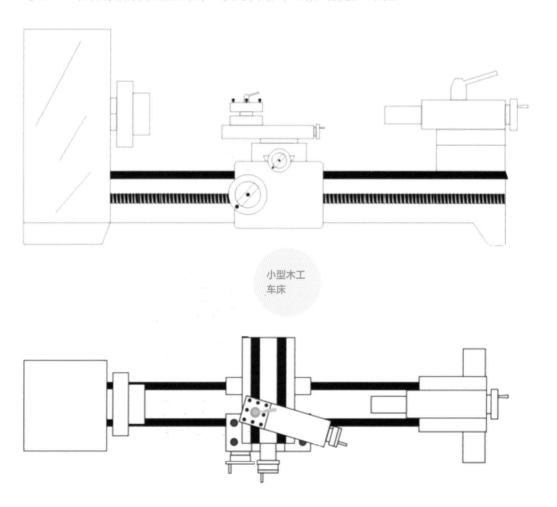

小型木工
车床

木工车刀的种类繁多，有方的、圆的及菱形的，其功能各有不同。方刀主要用于修平及去料；圆刀主要用于修形与打坯；而菱形刀则用于开槽及斜切。除了常用的车刀，还有其他功能各异的车刀，可以根据需求来使用合适的车刀。

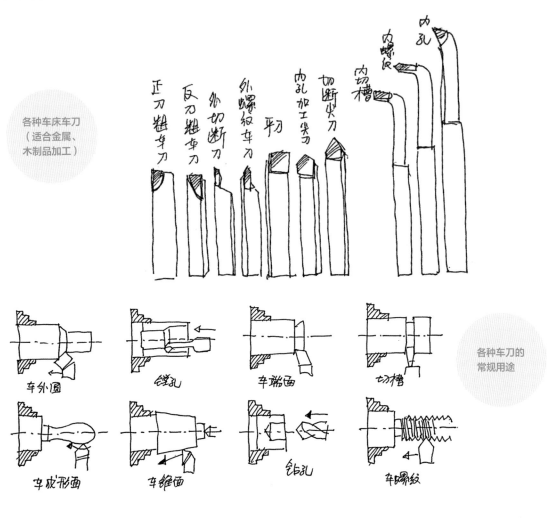

各种车床车刀
（适合金属、
木制品加工）

各种车刀的
常规用途

常规车刀主要由车刀架上的内六角螺丝进行固定。操作时，可以对车刀架进行一定角度的旋转，也可以转动车刀与切削物的角度。

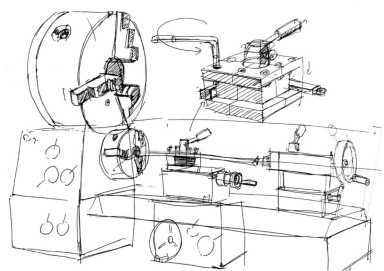

木工车刀在
车刀架上的
安装方法

传统木工专用车刀可以分为内弧刀、三角刀、半圆刀、斜口刀、平口刀等。这些车刀需要配合木工车床支架来作业，后续可以对刀头进行打磨修整。

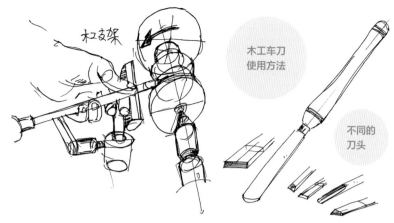

舍弃式木工方杆车刀与传统木工车刀最大的区别在于前者的刀头可以更换，如作业时间较长后刀头变钝即可更换，刀头在这里算是耗材。

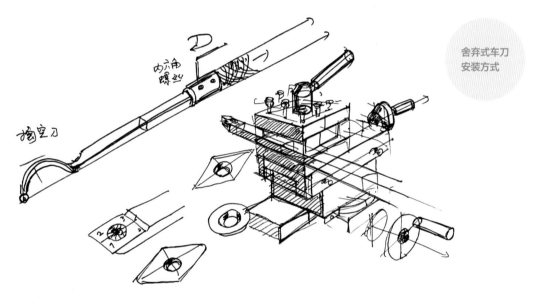

舍弃式木工方杆可以横过来与导轨平行，然后用木工车架紧固，此时舍弃式木工方杆就相当于该款木工车床的刀架，使用者将长刀架在上面即可作业。

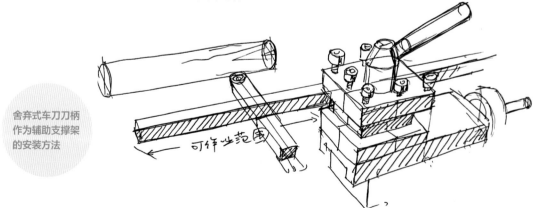

无论是传统的木工车刀，还是舍弃式木工方杆车刀，主要还是凭借使用者的经验与需要来选择。木工车刀在木作设计中占据着重要的位置，其使用过程也充满乐趣。

▪ 3. 钻孔工具

小型多功能家用 220V 精密台钻是木工作业中常用的工具，配合精密摇杆、夹具平台等，可以实现精准钻孔。手电钻是一种多功能电动工具，在木工制作中发挥着重要作用。它可以高效完成钻孔、拧螺丝等操作。

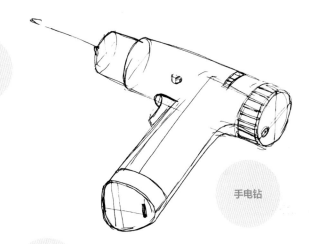

台钻

手电钻

不同类型的
麻花钻

合钻麻花钻

4241麻花钻

木工麻花钻

钻头的种类繁多，有麻花钻、锪钻、空心钻、孔钻、扩孔钻、方孔钻等。其中麻花钻是应用很广的钻孔加工工具。它主要由钻头工作部分和柄部构成。钻头工作部分有两条螺旋形的沟槽，形似麻花，因而得名。为了减小钻孔时导向部分与孔壁间的摩擦，麻花钻自钻尖向柄部方向逐渐减小，直径呈倒锥状。

木工
沙拉钻

木工沙拉钻是专为木工而生的钻头，其中间的细钻头用于定位钻孔，外围钻头则解决了中大号麻花钻打孔容易走位造成误差的问题。注意避免将其用于金属钻孔。

方孔钻属于双钻头，内置部分主要负责打孔机排屑，而外套方孔则需要借助钻床连体下压的力量，对木料进行强制性开方孔。方孔钻属于家具厂必备设备之一，这是因为它在处理榫卯结构的木料时更加容易、快捷。

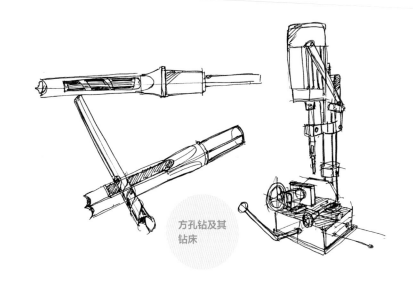

方孔钻及其钻床

3.1.4 凿刨工具

■ 1. 木工凿

木工凿是传统木工工艺中的主要工具，用于凿眼、挖空、剔槽、铲削等，一般与锤子配合使用。使用木工凿时，一般左手握住凿把，右手持锤。在打眼时，木工凿需两边晃动，目的是不夹凿身。注意需把木屑从孔中剔出来。

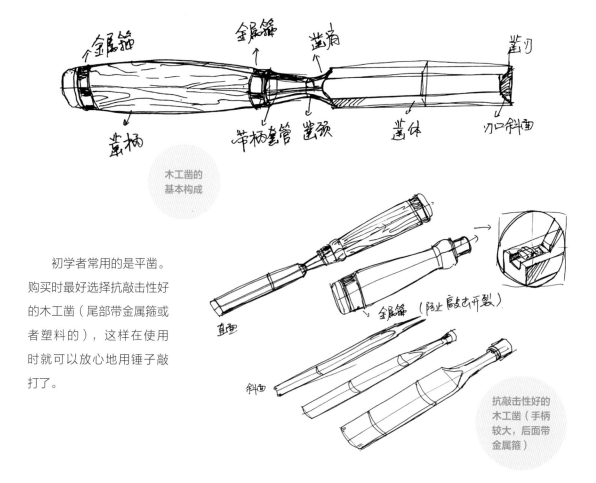

木工凿的基本构成

初学者常用的是平凿。购买时最好选择抗敲击性好的木工凿（尾部带金属箍或者塑料的），这样在使用时就可以放心地用锤子敲打了。

抗敲击性好的木工凿（手柄较大，后面带金属箍）

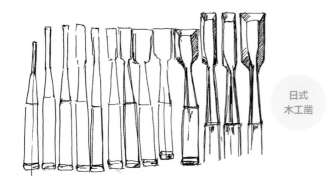

木工凿有两个面，一个是直面，一个是斜面。使用木工凿时，通常直面面向的是将要保存的部分，斜面面向的是要去除的部分。凿的时候要一点一点地凿，这样不仅凿刃的磨损小，而且凿起来会更轻松，精准度也会更高。

日式木工凿

先在木块上用线画出要凿掉的部分，侧面深度也要画；然后用夹具固定木块，用木工凿沿线凿出划痕，这样就能切断木块的纤维。凿的时候只要用力适度就能控制在加工范围内。

借助木工直角尺绘制所需的加工图形

木工凿在所绘制区域由浅入深地凿孔加工

用木工凿将加工范围的木纤维切断后，就可以将木工凿倾斜着并配合锤子去掉不要的部分。操作时，直面的垂直敲击主要用于凿断木纤维及修理凿面；而直面的有斜角的凿击，则利用木工凿斜面的杠杆挤压，让被加工的木屑更容易被去除。因此直面的两种凿击方式要有效结合，才能加工准确。

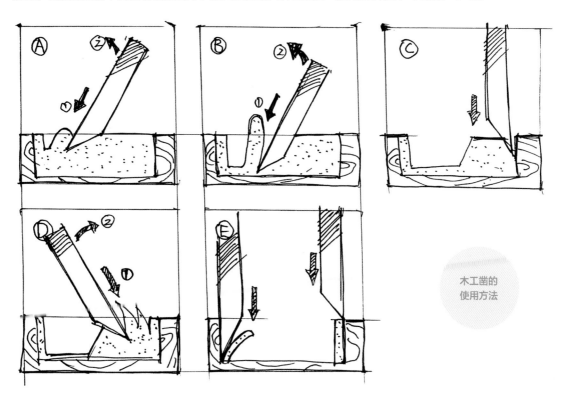

木工凿的使用方法

横向使用木工凿时主要用于清洁平面。使用时用惯用手（右撇子是右手，左撇子是左手）握住凿柄，另外一只手控制木工凿的方向，此时控制方向的手尽量靠近刃口，这样比较精准。

斜向使用木工凿时，注意斜面向下，斜面在下能让木工凿整体走向是横向的，这样就不会因用力过度而凿得太深。注意木工凿的切割方向要与木纹的方向相反，如果是顺纹，则很容易破坏木块。

纵向使用木工凿时，要保持木工凿垂直于木块。操作时一般需要锤子的辅助，用锤子敲打的时候，次数不宜太多，这样出现错误的概率就会减少。拿木工凿的时候手尽量靠下，这样可以让木工凿更精准地放在需要凿的位置上，也可以在敲打的时候让木工凿垂直于工件。

木工凿虽用于凿孔，但种类很多，如扁铲、榫凿、清角凿、斜口凿、榫眼凿、锁孔榫凿、合页凿、斜边凿及曲颈扁铲等。

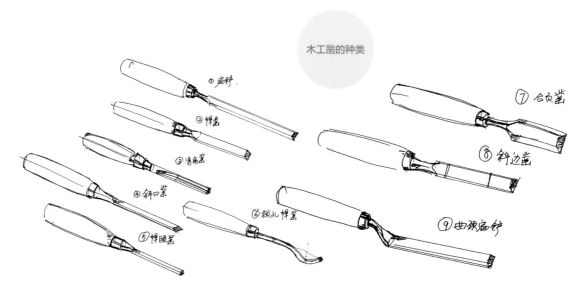

保持木工凿的锋利非常重要，它越锋利，加工工件时就越精准。

什么时候需要打磨木工凿？可以用手指触摸凿刃的直面，如果往后卷，就需要打磨了。笔者一般用油石打磨。打磨斜面时，可以配合磨刀器来调整打磨的角度。

木工凿是常用的木工工具，必须多练习才能运用自如。使用木工凿的时候要多留意木纹的方向，多思考操作方法。

▪ 2. 木工铲与木工雕刻刀

木工铲

木工铲是木作中常用的工具，主要用于铲削局部平面。形状较木工凿更细薄，刃口角度更小。根据用途的不同，木工铲分为平口铲、斜刃铲、圆口铲等。木工铲可以配合木工锤一起使用，只是凿击的力度相对较小，不似木工凿使用时那么大。

平口铲：刀口是平的，刀口与铲身呈倒等腰三角形，主要用于开四方形孔或修整四方形孔。

斜刃铲：刀口呈 45 度角，主要用于雕刻和修整一些死角。

圆口铲：刀口呈半圆形，主要用来开圆形孔位或椭圆形孔位。

木工铲是最能表现手作的一种工具，在木块上留下的刀痕感让人爱不释手。

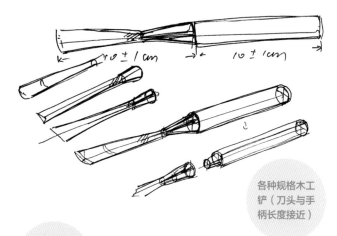

各种规格木工铲（刀头与手柄长度接近）

用木工铲制作的木作作品

木工雕刻刀

木工雕刻刀与木工凿、木工铲大同小异，这里的木工雕刻刀侧重"雕刻"二字，主要适合细部修整雕刻，所用力气最小。

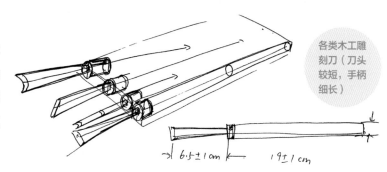

各类木工雕刻刀（刀头较短，手柄细长）

留有手作痕迹的木作作品是用机器语言难以表达的

▪ 3. 木工刀

木工刀主要有美工刀、削木刀、刮木弯刀等。

美工刀俗称刻刀或壁纸刀，主要用来切割质地较软的东西，多由刀柄和刀片两部分组成，为抽拉式结构。刀片多为斜口，用钝后可顺片身的划线折断，从而出现新的刀锋，方便使用。

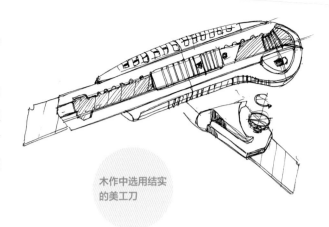

木作中选用结实
的美工刀

美工刀在处理各类棉、麻、纸及三夹板时有出色的切割性能，常配合丁字尺或长尺子来使用。

削木刀是很多木雕爱好者常备的木工工具，其主要特点是刀头较短，使用者容易发力。在加工过程中，削木刀往往配合防割手套进行作业。常见的木公仔的成型工具主要就是削木刀。

刮木弯刀可用于一些木作的表面肌理处理，诸如制作鱼鳞纹。

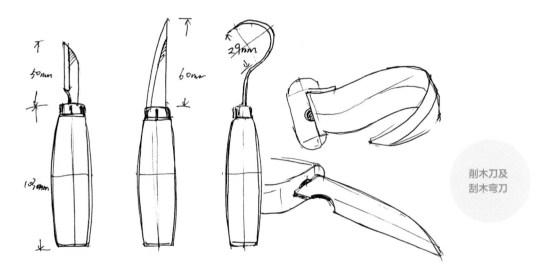

削木刀及
刮木弯刀

在微木作的制作中，可以用木工凿、木工铲来制作小型木雕的轮廓大型，用削木刀与雕刻刀来完善小型木雕的细节及肌理。当然，也有很多木作爱好者在微木作中从头到尾都使用削木刀来加工制作。

做木雕练手的好材料是椴木、松木及轻木（巴沙木）。椴木不易开裂、木纹细、易加工、韧性强，广泛应用于木制工艺品中。松木则是性价比很高的练手木料，切割、雕刻都比较方便，但需要特别注意的是，松木的木纹修长，在凿的时候容易开裂。巴沙木近似于泡沫板，非常容易加工，但对于微木作来说，巴沙木的作品可能太没有"分量"感了。

下面的小案例为木作蘑菇的加工制作。

第1步，选料。选择合适的木料，如椴木，大小适合即可。

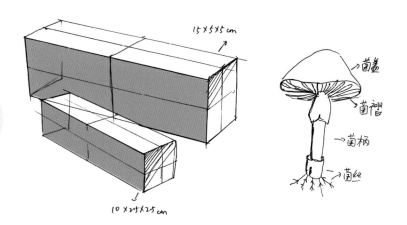

寻找合适的木料及了解蘑菇的基本结构

第2步，画图。在椴木木料的平面上绘制蘑菇的基本轮廓，也可以通过计算机绘制线条，然后打印在纸上并用胶水粘贴在木料上。由于蘑菇的形状比较简单，这里大致确定轮廓即可。

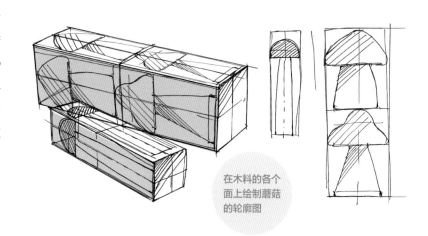

在木料的各个面上绘制蘑菇的轮廓图

第3步，打坯。沿着画好的轮廓用雕刻刀将多余的木头凿下来，先雕出简单的形状轮廓。因为蘑菇的菌柄与菌盖的粗细差别较大，可以用手工锯沿着画线的位置绕木料锯出一定的深度，这样方便后面的加工制作。下面具体过程以小木料上的修长蘑菇制作为例。

在固定的木料上用手工锯将菌盖与菌柄差别较大处锯出一定的深度，之后固定在雕刻台板上

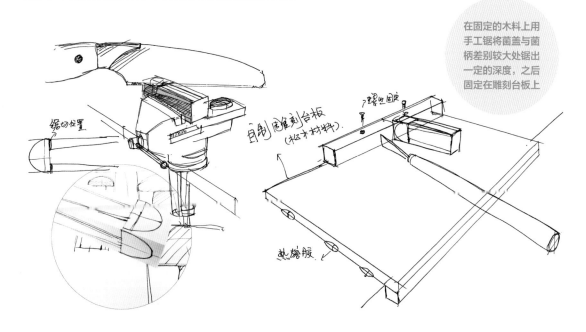

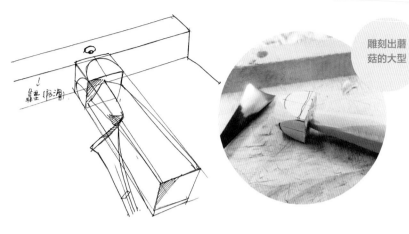

雕刻出蘑菇的大型

第 4 步，毛坯成型，即对蘑菇的大型进行雕刻。沿着画好的线条将菌盖、菌褶、菌柄等用不同的雕刻刀大致雕出来。

第 5 步，细致雕刻。围绕设计图对毛坯料进行调整，可以保留雕刻时的刀痕，这实际上是微木作雕刻环节非常有意思的技法。

用木工铲、木工雕刻刀搭配完成细节雕刻

第 6 步，细砂打磨及上色。这里不用粗砂打磨最大的原因就是要保留手作的痕迹。当然，也可以用粗砂打磨并修改蘑菇的表面细节，再用细砂打磨出质感，之后用木蜡油上油或参考蘑菇的配色用颜料上色。除了上油和上色，还可以使用手持喷火枪对所需上色部分进行碳化处理。

修长蘑菇最后成型的效果及头部用马克笔上色的效果

▪ 4. 刨系列工具

刨子是用来刨平、刨光、刨直、削薄木材的一种木工工具，一般由刨身、刨刃、盖铁、刨柄、楔木等部分组成。按刨身长短、形状、使用功能可分为长刨、中刨、短刨、光刨、弯刨、线刨、槽口刨、座刨、横刨等。

传统木刨

传统木刨在传统的木作里占据非常重要的位置，其种类及尺寸规格很多。对传统木刨使用的熟练度是考验木工水平的重要标准之一。虽然传统木刨现在更多地被车床、刨床、手推电刨等替代，但对于体会木作的乐趣来说，该工具依旧是当下重要的木工工具。

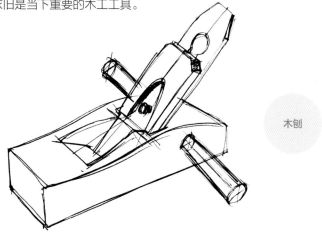

木刨

刨刃的调整：安装刨刃时，先将刨刃与盖铁配合好，控制好两者刃口的间距，然后将其插入刨身中；刃口接近刨底时，加上楔木，稍往下压，左手捏在刨底的左侧棱角，注意左手大拇指尽量捏住楔木、盖铁和刨刃，之后用锤校正刃口，使刃口露出刨屑槽。

推刨要点：将左右手的食指向前伸出并压住刨身，大拇指压住刨刃的后部，其余各指及手掌紧扣刨柄。刨身要放平，使用时两手用力要均匀。向前推刨时，两手大拇指需加大力度，两个食指略加压力；推至前端时，用力逐渐减小，直至不用力为止。退回时，用手将刨身后部略微提起，以免刃口在木料面上拖磨，损坏刨刃。

刨木料时，刨底要紧贴在木料的表面，开始不要把刨头抬起；刨到端头时，不要使刨头低下（俗称磕头），否则刨出的木料表面的中间部分会凹凸不平，这是初学者的通病，注意纠正。

欧式木工刨

欧式木工刨主要由刨体、蛙座、刨刀、盖铁、压板、刨刀调节系统、把手等组成。其最大的特点在于前后把手的形式，前把手用于确定推进方向，后把手配合使劲推动。欧式木工刨的结构较为复杂，含有较多用于调节的组件。虽然各个品牌的欧式木工刨各有不同，在蛙座、刨口调节、刨刀调节等细节上有所区别，但整体结构类似。

为了达到理想的刨削效果，调节欧式木工刨就变得非常重要了。通过调节凹槽架的螺丝来调节欧式木工刨"开口"的大小（刨刀与刨底部的开口处形成的空间）。大开口用于刨削粗纹理，而小开口则用于刨削细纹理。此外，通过旋转欧式木工刨背部的转轮来调节刨刀的高低，这样可以控制刨花的厚度。调节凹槽架后面的水平调整杆，可确保刨刀与刨底部的面呈平行状态。

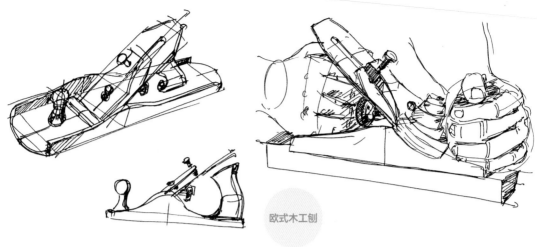

欧式木工刨

鸟刨

鸟刨，因其形状似鸟而得名，通常也叫一字刨，其底部镶有一块铁板。这种刨子的刨身很短，刨削时底部接触面小。鸟刨一般用来修圆棒、内外圆面、弧度及不规则弧度等。该工具的使用方式与传统木刨相似。

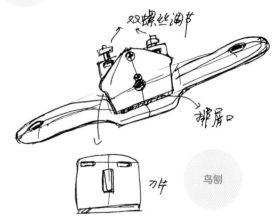

双螺丝调节

排屑口

刀片

鸟刨

倒角刨

倒角刨有的是传统木刨改装的，有的是下图所示的便携式倒角刨。这个便携式的应该算是现代工业设计的一个转化产物，其材料变成了铝合金与塑料的结合，并采用螺纹调节与紧固的方式，用一只手就能很好地操控刀头的深度。它比传统倒角刨的控制精度更高，但从发力角度上来看，还是有手柄的倒角刨更好。

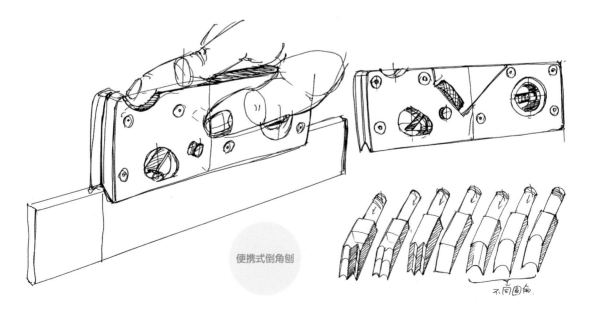

便携式倒角刨

不同圆角

小型电动压刨机

小型电动压刨机可以快速打磨并刨平木板，但对木材的最低厚度有限制。工业家具厂用的压刨机主要用于大号木家具上；小型电动压刨机主要依靠螺纹摇杆来控制，使用方便，适合对中小号的板材进行高度压刨及打磨。

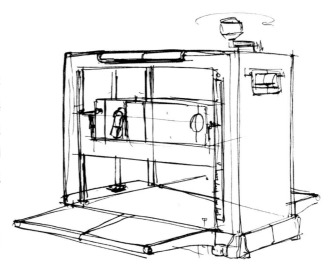

小型电动压刨机

手持电刨

手持电刨具有生产效率高、使用场景多、刨削表面平整而光滑等特点。

用手持电刨刨工件时，特别注意别刨到电源线，通常把电源线放在肩上比较稳妥。手持电刨与工件接触时，用前底板轻靠在工件后端上，之后匀速前进，最后阶段注意减轻下压力，之后提起手持电刨。

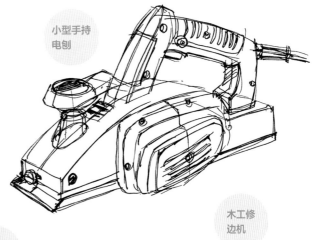

小型手持电刨

木工修边机

木工修边机是通过电机高速转动，带动铣刀对木材进行各种加工的工具。但是由于功率较大，因此必须通过一定的导轨等辅助工具对机器的运动加以限制，才能使其更好地满足人们的需要。木工修边机具体的用途主要有修齐边缘和抠槽、打榫眼等。此外，也可以根据实际需求开发所需的辅助夹具或模具，以便用木工修边机进行仿形。

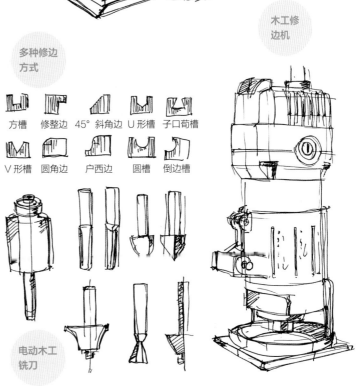

木工修边机

多种修边方式

方槽　修整边　45°斜角边　U形槽　子口荀槽

V形槽　圆角边　户西边　圆槽　倒边槽

电动木工铣刀

3.1.5 打磨和涂装工具

　　一些木材的原材料表面是比较粗糙的，可能不具有美观的装饰效果，因此在后期木工操作过程中有必要进行一系列的处理。其中打磨抛光就是关键的步骤，该步操作可以将普通的木材打磨成表面光滑、光泽度好，并且经济实用的家具产品。

种类	目数	效果
粗磨砂纸	80、120	粗磨成型，打磨后表面粗糙
中磨砂纸	180、240、320	打磨后表面有细微划痕
精磨砂纸	400、600、800	打磨后比较光滑，感触不到毛刺
抛光砂纸	1000 及以上	打磨后光滑、细腻

　　为了提高工作效率，通常需要选购木工打磨抛光相关的工具。

■ 1. 三角形砂纸机

　　该工具通过水平、前后快速移动而形成的短距离往复运动进行打磨操作，是一个比较好的手持打磨工具。它既可以打磨曲面，又可以打磨平面，其最大的特点是能在狭小的空间进行打磨。

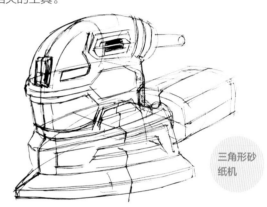

三角形砂纸机

■ 2. 方形打磨机

　　方形打磨机主要用于打磨平直面，其工作原理与三角形砂纸机相似，利用前后往复运动形成的摩擦力进行打磨。方形打磨机对于砂纸的安装与其他打磨机有所不同，它是将砂纸前后端夹紧固定后使用的。最好使用背面为纱布的砂纸，这样可以大大提升砂纸的耐用性。

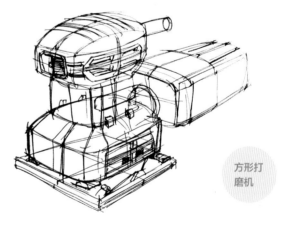

方形打磨机

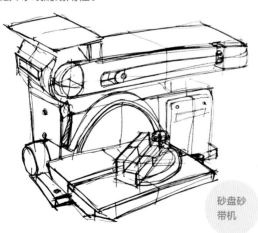

砂盘砂带机

■ 3. 砂盘砂带机

　　砂盘砂带机是有靠台的打磨机，能相对精确地打磨木材，是常用的打磨设备，更大号的则为工业级的家具企业常用的打磨机设备。

▪ 4. 圆形砂轮打磨工具

该工具由圆形砂轮、圆形砂纸与手持电动工具结合而成，是笔者比较喜欢用的一种打磨工具。其砂纸目数可以轻松切换，转速可以结合自己的需求进行调整。该工具可以对曲面类的木作进行打磨修型，常规流程是砂纸目数从小到大，最终基本能得到比较光洁的表面。因为这个是转动打磨的，所以比三角形或方形打磨机的打磨效率高。

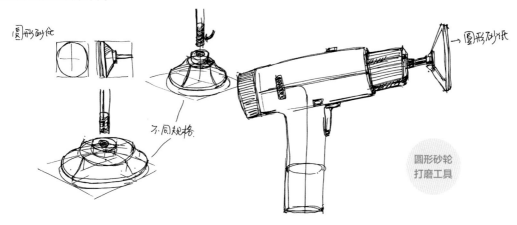

▪ 5. 手持电动雕刻打磨机套装

手持电动雕刻打磨机套装在微木作行业中使用比较广泛，既可以用于微雕，也可以用于微打磨。套装的功能头包括：尖口刀、清底刀、球形刀、定珠刀、五星刀、雕刻刀、砂纸、抛光头、切割头、麻花钻、清洁头等。

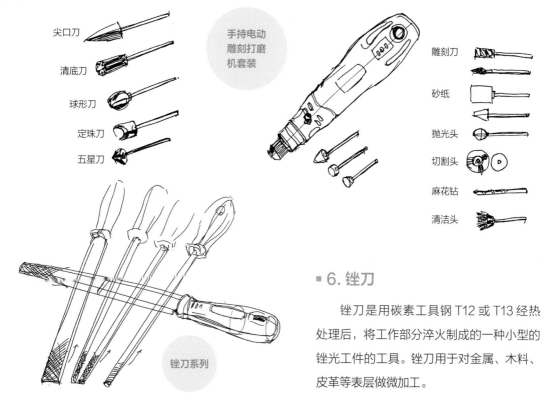

▪ 6. 锉刀

锉刀是用碳素工具钢 T12 或 T13 经热处理后，将工作部分淬火制成的一种小型的锉光工件的工具。锉刀用于对金属、木料、皮革等表层做微加工。

7. 蜈蚣刨

蜈蚣刨，南方因其外形似蜈蚣，所以习惯称为"蜈蚣刨"，北方则称为"耪刨"。使用它的最大好处是每次去料很少，不会伤料，可以将不平的筒子表面修整得十分平整光洁。蜈蚣刨专门用于硬木表面的找平，是古代制作家具的刨削工具。制作蜈蚣刨的原料有木头和钢片。木头要选择干透且不变形的硬木为好。

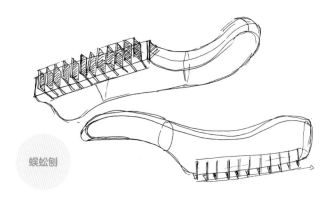

蜈蚣刨

8. 自制打磨工具

自制打磨工具主要用于打磨榫卯的接头与孔隙、凹槽或内切面。笔者通常的做法是先自制内芯，以小木块为基本材料进行修型，然后用热熔胶将砂纸固定在小木块上，砂纸保留了小木块的形状，轻巧灵便，这样很容易作为一次性或多次反复使用的打磨工具。根据不同的打磨对象可以进行不同砂纸目数的自制工具设计与开发，这种成本低廉、方便使用的打磨工具在微木作行业比锉刀有更广泛的用途。

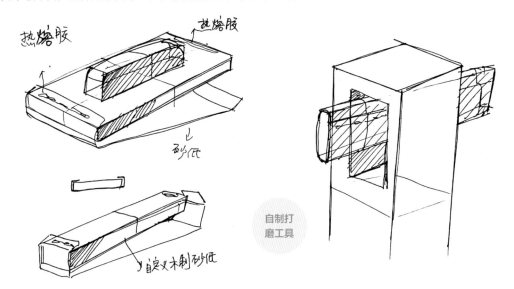

自制打磨工具

打磨是上漆、上蜡之前非常重要的木工操作环节。通过以上几种打磨工具的介绍，我们大致可以快速确认自己的木作产品该如何打磨。

常规木作都需要拼装、打磨及上漆，拼装时涂装会涉及黏合剂——白乳胶，上漆则需要使用木蜡油、水性漆和油性漆等。

9. 白乳胶

木工专用白乳胶在粘贴的时候尽量借助木工夹来固定。微木作中，通常使用小瓶装的白乳胶。而工业上往往使用桶装白乳胶，并用刷子来完成涂胶，再借助非标螺纹木工夹进行紧固，之后静置干燥一定的时间。

10. 木蜡油

木蜡油是一种天然植物提取的擦拭剂，适用于自然材料、吸收性材料的表面处理，主要用于各类木材（包括软木和硬木）的表面上油、上蜡、抛光和修复。

木蜡油

11. 水性漆

水性漆包括水性防锈漆、水性钢构漆、水性地坪漆、水性木器漆等，漆膜丰满、晶莹透亮、柔韧性好并且具有耐水、耐磨、耐老化、耐黄变、干燥快、使用方便等特点，在木作中应用广泛。

12. 油性漆

油性漆是以干性油为主要成膜物质的涂料，主要有清油、厚漆、油性调和漆、油性防锈漆、腻子、油灰等。其优点是易于生产、价格低廉、涂刷性好、涂膜柔韧、渗透性好；其缺点是干燥慢，涂膜性能较差，现大多已被性能优良的合成树脂漆取代。

13. 颜料喷雾罐

颜料喷雾罐里有密封高压气体、颜料及钢柱，摇动喷雾罐，可以使沉淀的颜料粒子重新分散均匀，其喷涂的色彩丰富，使用方便。注意，摇动是上下摇动而不是左右摇动。用颜料喷雾罐给微木作上色时，最好在室外进行，使用者佩戴口罩或防毒面罩，因为喷雾罐中的气体有不同程度的刺激性气味。

3.1.6 其他常用工具

1. 胶枪

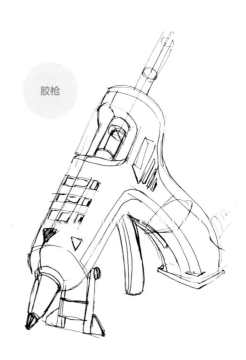

胶枪

胶枪是木作中配合三维雕刻机使用的常备固定工具，固定效果与效率俱佳。此外，胶枪配合摇杆夹具或自制木制固定夹具使用，具有很好的固定效果。

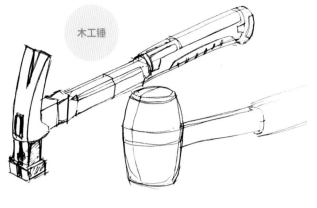

■ **2. 木工锤**

木工锤主要分为以钉钉子为主的金属锤及以敲击木头为主的橡胶木锤，在使用的时候要做适当区分。

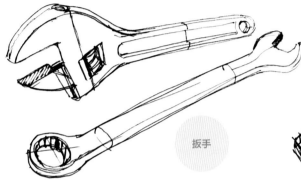

■ **3. 扳手**

扳手是一种常用的安装和拆卸工具，常用于拧转螺栓或螺母。

■ **4. 钳子**

常用的钳子有老虎钳、尖嘴钳等，主要用于剪断铁丝等，也可以拔出一些木板上的钉子，而且具有扳手的部分功能，是木作中常用的工具。

■ **5. 螺丝刀**

螺丝刀常用于拧转螺丝，以使其就位。不同型号螺丝刀拧转不同类型的螺丝。电动螺丝刀使用起来更方便省力。

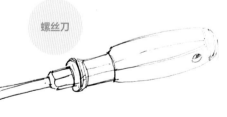

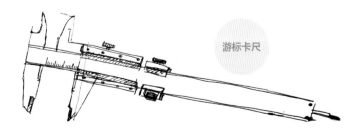

■ **6. 游标卡尺**

游标卡尺主要用于小尺寸的精确测量，在木工车床等设备的加工中应用较多。

140

▪ 7. 木工直角尺

木工直角尺一般采用钢材质或铝合金材质制成，主要用于画或检验直角，测绘功能居于其次。

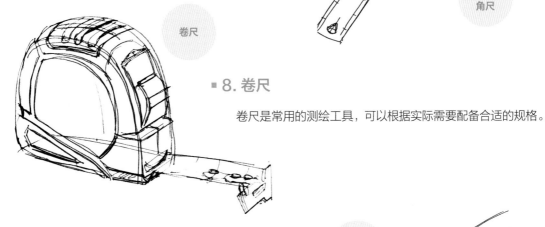

木工直角尺

卷尺

▪ 8. 卷尺

卷尺是常用的测绘工具，可以根据实际需要配备合适的规格。

▪ 9. 宽头木工铅笔

宽头木工铅笔不易断、记号明显。无论是毛坯料，还是精细木料，该工具都可以使用，是常备的记号绘图好帮手。

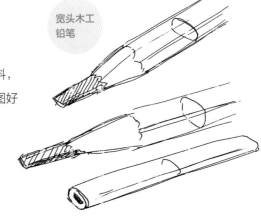

宽头木工铅笔

大容积粉尘吸尘器

▪ 10. 吸尘器

偏工业用的吸尘器可以快速将木粉、木削进行清理。家具制造厂常用的则是偏向于满足环保要求的大号吸尘器或吸尘墙。

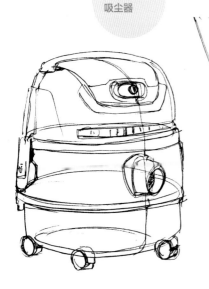

3.2 木作结构解析

3.2.1 榫卯结构

　　一看到木作或木建筑，我们自然就会想起"榫卯"这个词。榫卯是古代中国建筑、家具及其他木作的主要结构，是在两个构件上采用凹凸部位相结合的一种连接方式。凸出部分叫榫（或叫榫头）；凹进部分叫卯（或叫榫眼、榫槽）。过去，榫卯结构既用在建筑领域，也用在家具领域。中国的木建筑构架一般包括柱、梁、枋、垫板、衍檩、斗拱、椽子、望板等基本构件。这些构件是相互独立的个体，需要用一定的方式连接起来才能组成房屋。由于古代生产条件不足，没有铁钉、螺栓类的固定连接工具，因此那时的建筑很少用钉子，大部分依靠榫卯的连接方式。种类不同的榫卯结构，做法不同，应用范围也不同，但它们在构造中起"关节"作用。

中国家具中的
榫卯结构

　　若榫卯结构使用得当，两块木结构之间就能严密扣合，达到"天衣无缝"的效果。这是古代木匠需要具备的基本技能。工匠手艺的高低，通过榫卯的结构就能清楚地反映出来。

　　榫卯结构大致可分为三大类型：第一类主要是面与面的接合，也可以是两条边的拼合，还可以是面与边的交接结合，如槽口榫、企口榫、燕尾榫、穿带榫、扎榫等；第二类是作为"点"的结构方法，主要用于做横竖材丁字接合、成角接合、交叉接合，以及直材和弧形材的伸延接合，如格肩榫、双榫、半榫、通榫等；第三类是将 3 个构件组合在一起并相互连接的构造方法，这种方法除运用以上的一些榫卯联合结构外，还有一些更为复杂和特殊的做法，如托角榫、长短榫、抱肩榫、棕角榫等。

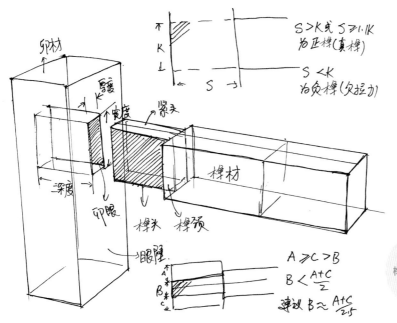

$S>K$ 或 $S\geqslant1.1K$
为正榫(真榫)

$S<K$
为负榫(欠拉力)

榫卯结构到底是由哪些结构构成的,大致关系又如何呢?常规情况来说,强卯弱榫是常识,卯起支撑的主要作用,榫起定位的次要作用。下面以齐肩榫为例。

$A\geqslant C>B$

$B<\dfrac{A+C}{2}$

建议 $B\approx\dfrac{A+C}{2.5}$

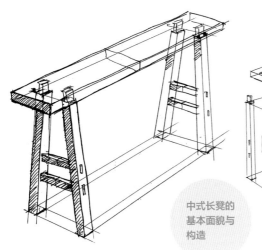

左图是齐肩榫在日常家具中的应用,这里以中式长凳,也就是与八仙桌配套的长凳为例。

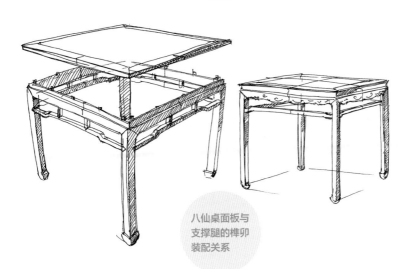

明清古典家具中横竖材丁字接合的造法,又称为"格肩榫"。大至桌案柜橱的枨子和腿足的连接及四出头官帽椅的搭脑、扶手与腿足的相交,小至床围、桌几花牙子的横竖材攒接,这些皆运用了格肩榫结构。

■ 1. 格肩榫

　　格肩榫又分为大格肩榫和小格肩榫。大格肩榫一般在家具交接处采用阳线时应用，与小格肩榫的区别是它的肩部为尖角且都为实肩。

　　大格肩榫的实肩是在横材两端做出榫头，在榫头的外侧做出45度等边直角三角形斜肩，三角形斜肩紧贴榫头，然后在竖材上凿出榫窝，并在外侧开出与榫头上三角形斜肩相等的豁口，正好与榫头上的斜肩拍合。格肩的作用，一是辅助榫头承担一部分压力，二是打破接口处平直呆板的效果。

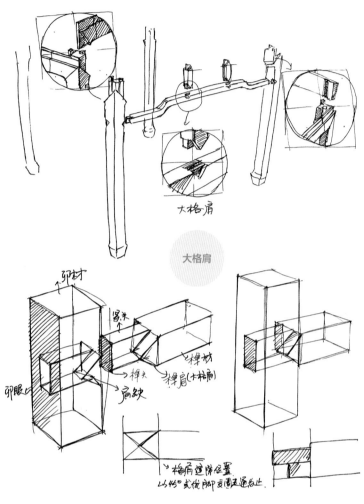

大格肩

大格肩

　　小格肩榫通常在家具交接处表面起涡线时使用，它的制作方法是：一根木枨端处开榫头，两侧为榫肩，靠里面为直角平肩，外面呈没有角的梯形格角，两肩部都为实肩；另一根木枨开出相应的榫眼，靠外的榫眼上挖出一块和梯形格角一样的缺口，然后拍合。

　　小格肩榫是把紧贴榫头的斜肩抹去一节，只留一小部分，其目的是少剔去一些竖材木料，以增加竖材的承重能力，是一种较科学的做法。它既保持了竖材的支撑能力，又能辅助横材承重。这种做法一般用于柜子的前后横梁或横带上。

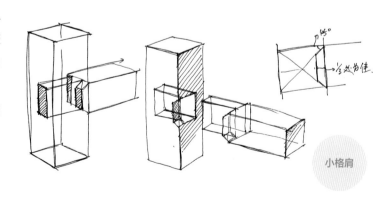

小格肩

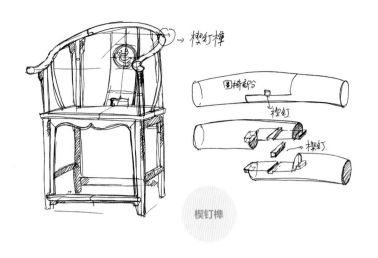

楔钉榫

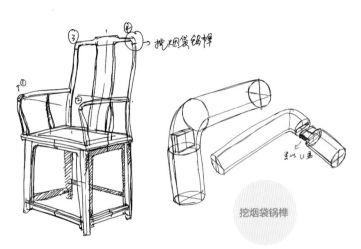

挖烟袋锅榫

■ 2. 楔钉榫

　　楔钉榫，又名销钉榫，别名钥匙榫。它是连接弧形材常用的榫卯结构，它把弧形材截割，用上、下两片出榫嵌接，再在中部插入楔钉，使连接材上下、左右不错移并紧密地接合。

■ 3. 挖烟袋锅榫

　　挖烟袋锅榫，其造型犹如烟枪，直接采用整根木材取料，挖出烟袋式母槽，以迎合公榫，制作成小巧玲珑的式样。虽小巧，却耗材，为了这包罗万象的式样，前辈们可谓煞费苦心。这种榫卯结构常用于南宫椅的椅头、花栏栅的转头、明式椅杆托等处，采用这种工艺，既可以保证流线感，又可以保证结实性。

■ 4. 夹头榫

　　夹头榫是一种桌案的榫卯结构，实际上是连接桌案的腿足、牙边和角牙的一组榫卯结构。夹头榫案形结构的家具的腿与面的结合不在四角，而在长边两端收进的一些位置。四只腿足在顶端出榫，与案面底的卯眼相对拢，腿足的上端开口，嵌夹牙条及牙头，使外观腿足高出牙条及牙头。因牙头上无修饰，因此又常称"素牙头"。

　　夹头榫结构的灵感来自大木梁架构的自柱头开口，中平绰幕的启发，大约出现在晚唐、五代之际。到宋代的时候，夹头榫桌案被广泛使用。在宋代和明代的绘画作品中，也常常能见到这种结构的桌案。

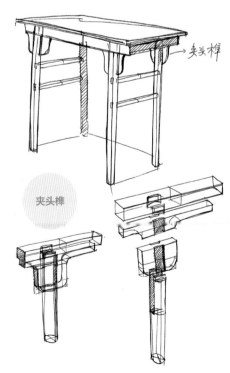

夹头榫

5. 插肩榫

　　插肩榫是案类家具常用的一种榫卯结构，腿足在肩部开口并将外皮削出八字斜肩，用以和牙子相交。虽然插肩榫的外观与夹头榫的不同，但结构实质是相似的，也是腿足顶端出榫，与案面底的卯眼相对拢，上部也开口，嵌夹牙条。但不同的是，插肩榫的腿足上端外部削出斜肩，牙条与腿足相交处剔出槽口，使牙条与腿足拍合时，将腿足的斜肩嵌夹，形成平齐的表面。此榫的优点是牙条受重下压后，与腿足的斜肩咬合会更紧密。它可以用在鼓腿膨牙式的家具中，也可以用在一般式样的家具中。

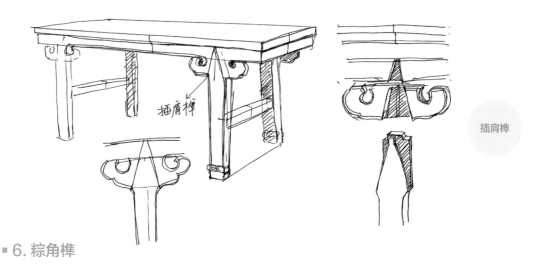

插肩榫

6. 粽角榫

　　粽角榫因其外形像粽子角而得名，在江南民间木工中也称作"三角齐尖"，多用于四面平家具中。粽角榫有单粽角榫也有双粽角榫。

　　粽角榫结构多见于桌子、柜子、书架等家具中。在腿与板面边框衔接处削出 45 度斜肩，斜肩内侧挖空，板面边框转角处靠下一点的位置亦剔成 45 度斜角。组合时，边框斜角正好与腿上的斜肩吻合，使边框外沿与腿足拼合成一个平面，外观非常整齐。粽角榫的特点是每个角都以三根方材格角结合在一起，使每个转角结合都形成 6 个 45 度格角斜线。在制作粽角榫时，为了牢固，一方面开长短榫头，采用避榫制作；另一方面应考虑用料适当粗硕些，以免影响结构的强度。

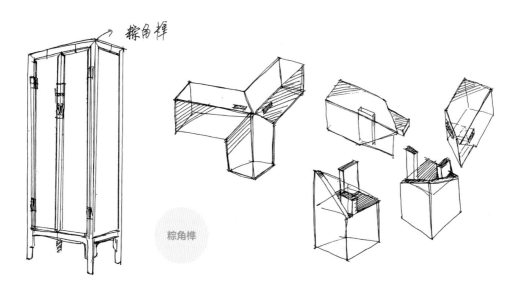

粽角榫

■ 7. 抱肩榫

　　抱肩榫是指有束腰的家具的腿足与束腰、牙条相结合时所用的榫卯结构，也可以说是家具水平部件和垂直部件相连接的榫卯结构。从外形上看，此榫的断面是半个银锭形的挂销，与开牙条背面的槽口套挂，从而使束腰及牙条结实稳定。抱肩榫多用在器物的肩部，也常出现在有腰家具的束腰处。

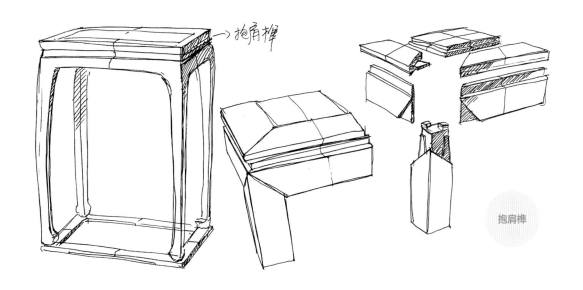

抱肩榫

抱肩榫

■ 8. 圆材丁字形接合

　　圆材丁字形接合在家具设计中是常见的结构。丁字形接合有圆材、方材之分，二者造法不同。前面所列举的大格肩榫、小格肩榫就是方材丁字形接合。而圆材丁字形接合：横竖材同粗，则枨子里外皮做肩，榫子留在正中；腿足粗于枨子，以无束腰杌凳的腿足和横枨相交为例，如果不交圈，则枨子的外皮退后，和腿足外皮不在一个平面上，枨子还是里外皮做肩，榫子留在月牙形的圆凹正中。

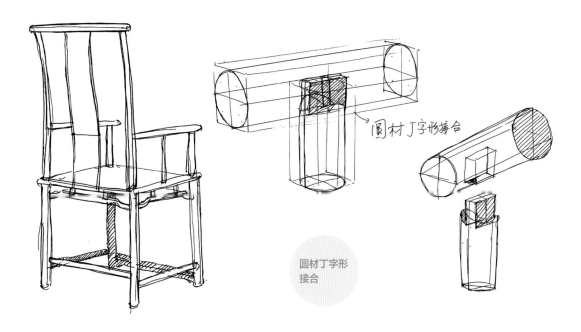

圆材丁字形接合

圆材丁字形
接合

■ 9. 攒边打槽装板

攒边打槽装板用于凳面、桌案面、柜门、柜帮及不同部位上使用的绦环板。攒边打槽装板如果用于打造四方形的边框，一般用格肩榫的造法来攒框，在边框内侧打槽，容纳板心四周的榫舌。因边框压在板心之下，看不见一般装板造法所能见到的板心和边框之间的缝隙，故表面显得格外整洁。

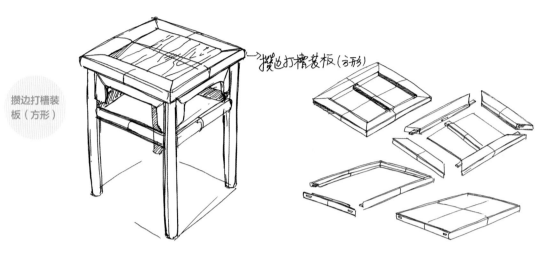

攒边打槽装板（方形）

攒边打槽装板（方形）

值得注意的是，并不是所有的攒边打槽装板都是方形的。像圆凳、香几这类圆形几面也会用到这种结构，此时边框为圆弧形，用弧形弯材打槽嵌夹板心的榫舌。弯材一般为四段，攒边常用逐段嵌夹的造法，即每段一端开口，一端出榫，逐一嵌夹，形成圆框。

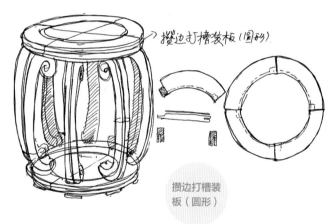

攒边打槽装板（圆形）

攒边打槽装板（圆形）

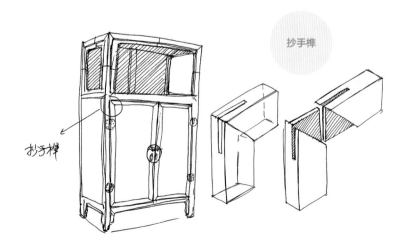

抄手榫

抄手榫

■ 10. 抄手榫

抄手榫为两榫相交成直角，受力均等。因其卯榫拼接的状态类似两只手抄起来一般，故得此名。抄手榫多为透榫，胶粘面积大，牢固度高，加工工艺性能好。

■ 11. 方材角接合

　　方材角接合即床围子攒接斜卍字。罗汉床、架子床围子的卍字或曲尺、拐子等的横竖材攒接，多为方材角接合，一般用透榫或闷榫。有的方材角接合非常复杂，如黄花梨拔步床廊子上的栏杆。

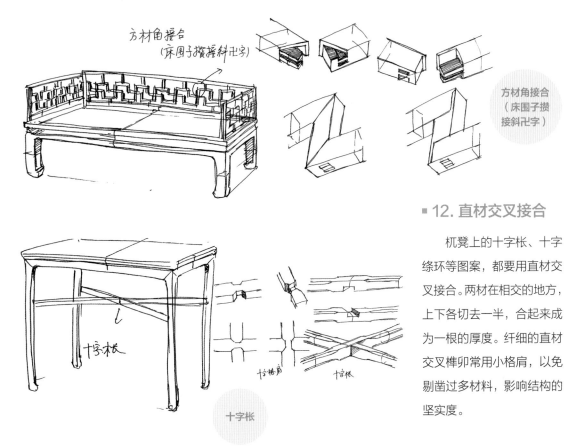

方材角接合
（床围子攒接斜卍字）

十字枨

■ 12. 直材交叉接合

　　机凳上的十字枨、十字绦环等图案，都要用直材交叉接合。两材在相交的地方，上下各切去一半，合起来成为一根的厚度。纤细的直材交叉榫卯常用小格肩，以免剔凿过多材料，影响结构的坚实度。

　　面盆架三根交叉的枨子是从十字枨发展出来的，中间一根上下皮各剔去材厚的三分之一，上枨的下皮和下枨的上皮各剔去材厚的三分之二，拍拢后合成一根枨子的厚度。

　　面盆架枨子除相交的一段外，断面多作竖立着的椭圆形。加高用材的立面，为的是剔凿榫卯后，每一根的余料还有一定的厚度。

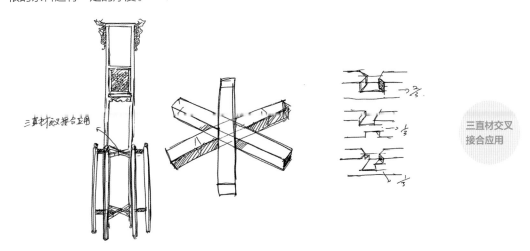

三直材交叉
接合应用

13. 燕尾榫

　　燕尾榫俗称"万榫之母"，是常用的木工接合方式，拥有十分可靠的抗拉强度。燕尾榫由一系列的梯形尾巴阴阳相接组成，一旦组合，就会相当牢固。燕尾榫多用在框式结构直角连接上，如抽屉、盒子和柜子上。

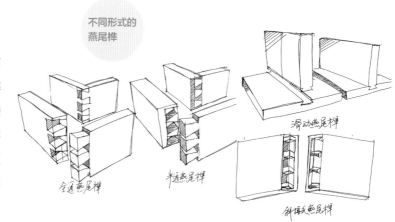
不同形式的燕尾榫

全透燕尾榫　　半透燕尾榫　　滑动燕尾榫　　斜接式燕尾榫

　　早期的燕尾榫都采用手工制作，其工序比较复杂，制作比较耗费时间；现代一般采用机器进行加工，不同机器的加工方式各不相同。

　　燕尾榫的加工模式可以分为三大类：全手工制作、便携式燕尾榫机制作、全自动数控燕尾榫机制作。

　　全手工制作燕尾榫的优点是自由度高，头榫及尾榫的比例、尺寸都可更改，一般情况下尾榫的大小是头榫的两倍。熟练的工人手工制作出来的燕尾榫牢固度比机器加工的燕尾榫牢固度要高。在画线的时候可以把线宽调整得比木板厚度长 0.5mm，并且保持第一个和最后一个头榫为半头榫，这样制作出来的燕尾榫经过打磨后会非常美观。

　　便携式燕尾榫机制作的优点是提高了手工制作的效率，采用电木铣配合燕尾榫刀及燕尾榫模板即可快速完成燕尾榫的制作。便携式燕尾榫机可以同时完成头榫和尾榫的加工，结构简单，操作便捷，制作出来的头榫和尾榫的比例一样。

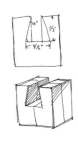
燕尾榫加工刀头及相关夹具、模板

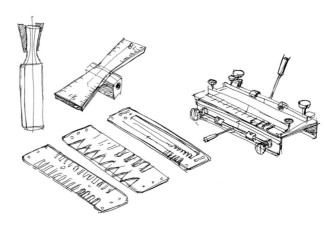

　　全自动数控燕尾榫机可以加工多种形状的燕尾榫。随着科技的发展，木工机械会越来越多样化，可加工的款式也会越来越多。由于机械加工的榫卯表面十分光滑，因此对榫卯接合的牢固度会有一些影响，这时可以用手工小锯子将榫卯表面拉出犬齿交错的锯痕，以增加榫卯结构的摩擦力。

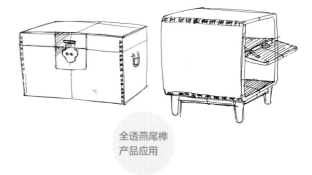
全透燕尾榫产品应用

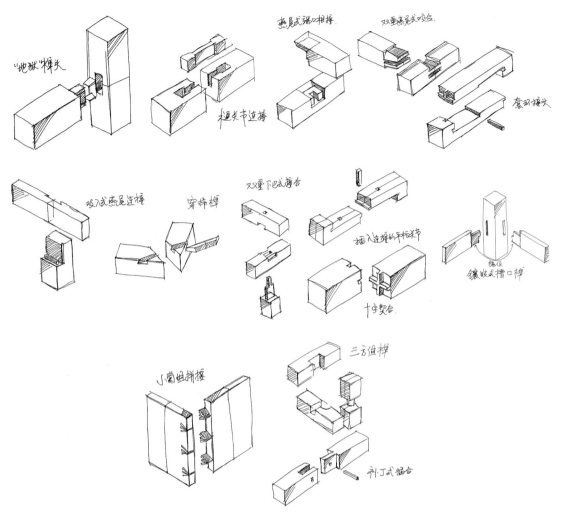

实际上，每件木作结构都是一件经典的产品。当下的设计师们可以借助计算机三维软件来推演榫卯的匹配结构、创新结构，从而获得更加精准的产品结构。无论是传统的榫卯结构，还是衍变后的榫卯结构，都可以与微木作进行紧密结合，在后续的案例中将尝试让这些榫卯结构在现代的产品中继续应用，并焕发新的活力。

这一小节主要讲木作中的榫卯结构，笔者试图用速写的形式记录及讲解各个榫卯结构，希望通过通俗易懂的方式呈现古人的智慧。榫卯的工艺、结构演变也呈现了近代匠人的不懈努力。上面众多示例呈现的也只是我们常见或已有的部分结构，实际上还有很多创新型的结构等待当今的设计师及匠人去再设计、再创造。

3.2.2 斗拱结构

斗拱，又称斗科、欂栌、铺作等，是中国古建筑特有的一种结构。在立柱顶、额枋、檐檩间及构架间，从枋上加的一层层探出成弓形的承重结构叫拱，拱与拱之间垫的方形木块叫斗，它们合称为斗拱。斗拱的产生和发展有着非常悠久的历史。

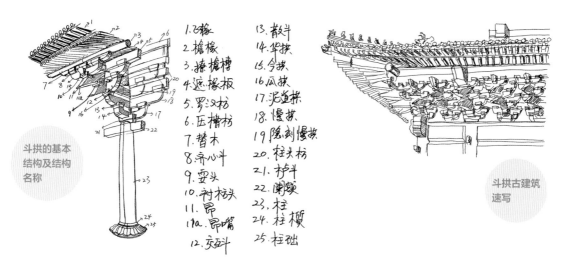

斗拱的基本结构及结构名称

1. 飞椽
2. 檐椽
3. 撩檐槫
4. 遮椽板
5. 罗汉枋
6. 压槽枋
7. 替木
8. 齐心斗
9. 要头
10. 衬枋头
11. 昂
11a. 昂嘴
12. 交斗

13. 散斗
14. 华拱
15. 令拱
16. 瓜拱
17. 泥鱼拱
18. 慢拱
19. 隐刻慢拱
20. 柱头枋
21. 栌斗
22. 阑额
23. 柱
24. 柱櫍
25. 柱础

斗拱古建筑速写

拱架在斗上，向外挑出，拱端之上再安斗，这样逐层纵横交错叠加，形成上大下小的托架。斗拱最初孤立地置于柱上或挑梁外端，分别起传递梁的荷载于柱身和支承屋檐重量以增加出檐深度的作用。

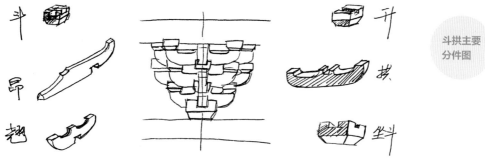

斗拱主要分件图

1. 斗

斗是斗拱中承托拱、昂的方形木块，因形状如旧时量米的斗而得名。栌斗是古建筑的专业名词，位于斗拱的最下层，是重量集中处最大的斗。宋朝时称为栌斗，清代称坐斗。栌斗一般用在柱列中线的上边，栌斗上开十字口，放前后和左右两向的拱。

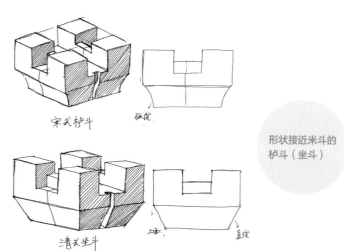

宋式栌斗

清式坐斗

形状接近米斗的栌斗（坐斗）

宋式交互斗与清式十八斗同样放置在进深方向的构件上，作用为将上层进深方向和面阔方向的构件固定在下层进深方向构件的两端之上。而宋式交互斗的进深方向上有卡口，清式十八斗上无卡口。

槽升子：在正心拱的两端，承托上层拱或枋，《营造法式》中称为齐心斗。

三才升：在各种外拽拱、里拽拱的两端，承托上层拱或枋，《营造法式》中称为散斗。

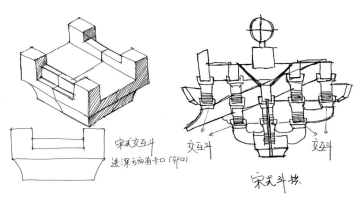

宋式交互斗
进深方向有卡口（卯口）

宋式斗拱

交互斗   交斗

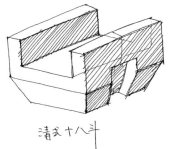

清式十八斗

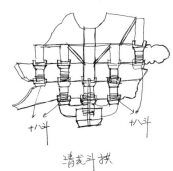

十八斗   十八斗

清式斗拱

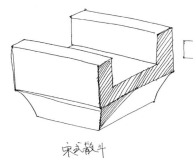

宋式散斗

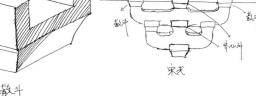

散斗   散斗
齐心斗

宋式

宋式散斗与清式中槽升子、三才升的作用基本相同，都是将上一层构件固定在下层构件之上。

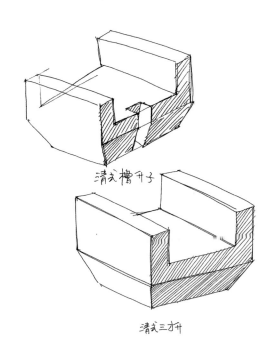

清式槽升子

清式三才升

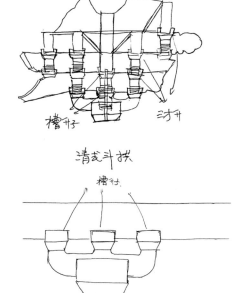

槽升子   三才升

清式斗拱

槽升

■ 2. 拱

拱的两端向上弯曲如弓，其上安升子，拱的中间有卯口，以承接与之相交的翘或昂。拱按长短分为瓜拱、万拱、厢拱；按位置分为正心拱、外拽拱、里拽拱。

拱件长度最短的为瓜拱；拱件长度最长的为万拱；在两者之间的为厢拱。瓜拱、万拱、厢拱统称单材拱。

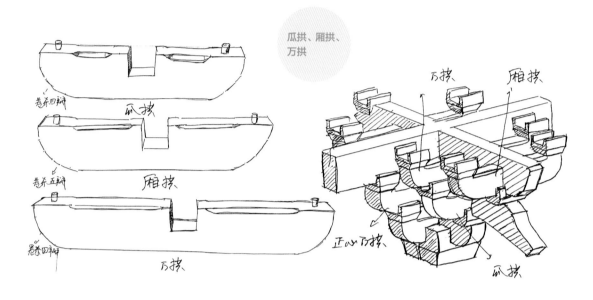

令拱是宋代斗拱构件的名称，相当于清代的厢拱，它置于最上层的昂或翘上面。

泥道拱是宋代斗拱构件的名称，相当于清代的正心瓜拱，位于斗拱左右中线上，也在檐柱中心线上。宋代时，两朵斗拱之间的空档，也就是拱眼壁，是用泥坯填塞的，所以有"泥道拱"之名。

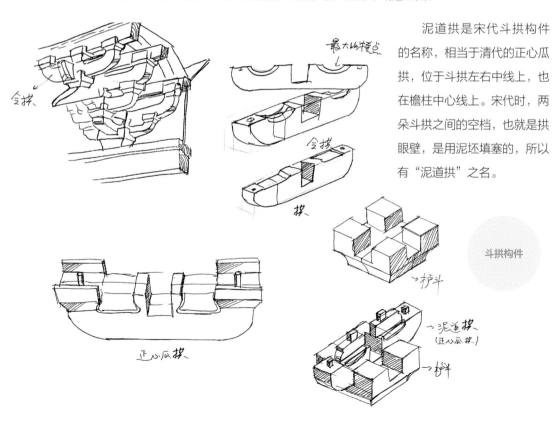

斗拱中，拱件的命名通常是将拱件所处的位置与长短结合起来命名的，如正心瓜拱、正心万拱、外拽瓜拱、外拽万拱等。

正心拱、里外拽拱、瓜拱、万拱和厢拱应如何区别？

以一排檐柱的中心线为准，在中心线上的拱件叫正心拱；不在中心线上，处在建筑物外檐边的拱件叫外拽拱，处在建筑物内檐边的拱件叫里拽拱；瓜拱是斗拱构件中最短的拱，也是处于最下层的拱，和万拱多相叠并用，瓜拱托着万拱；厢拱置于最上层的昂或翘上面。

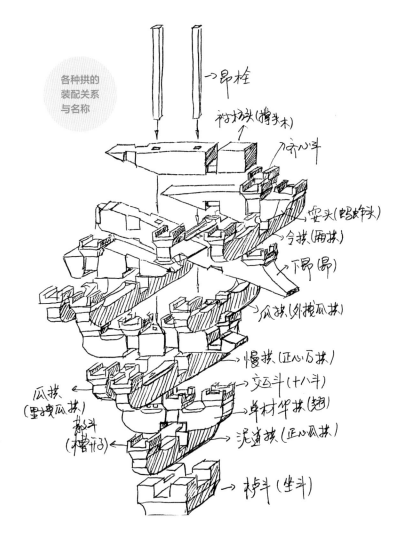

各种拱的装配关系与名称

昂桩

耍头（蚂蚱头）

齐心斗

安头（蚂蚱头）

令拱（厢拱）

下昂（昂）

瓜拱（外拽瓜拱）

慢拱（正心万拱）

交互斗（十八斗）

单材华拱（翘）

泥道拱（正心瓜拱）

栌斗（坐斗）

瓜拱（里拽瓜拱）

散斗（槽升子）

■ 3. 翘

翘（宋称"华拱"），弓形木，与建筑物表面成直角，因此也和拱成直角。翘的形式和功能与拱相同，但最底层的翘伸出最少，越往上，翘伸出逐层增加。

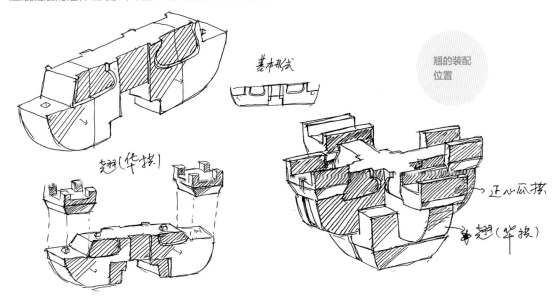

基本形式

翘的装配位置

翘（华拱）

正心瓜拱

单翘（华拱）

■ 4. 昂

斗拱中，在中心线上前后伸出，前端下斜带尖的木材部件称为昂，其功能与翘相同，但形式不同。角科上由正面伸往侧面的昂叫搭角闹昂。

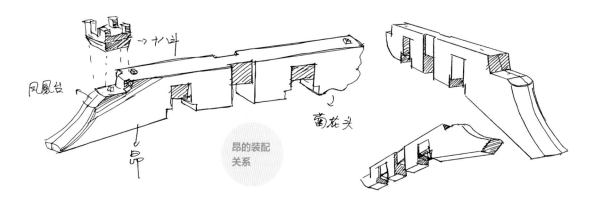

■ 5. 耍头

耍头（蚂蚱头）属斗拱中组合部件之一，起联系和装饰构件的作用，在一组斗拱中纵向伸出，与令拱相互交叉，安装于齐心斗下方，实物见于唐代及之后的建筑。正式记载刊于《营造法式》中，称其为爵头、耍头、胡孙头或蜉蜕头。其外伸部分通常加工成几个连续转折的斜刃面，因形似蚂蚱头，故又称蚂蚱头。

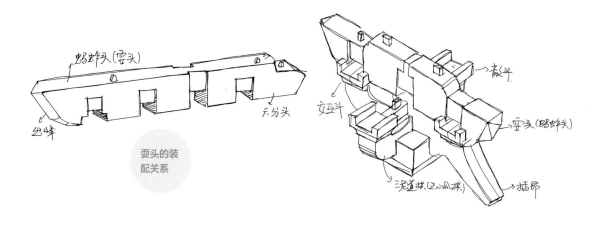

小结：榫卯与斗拱是木作中非常重要的结构，也是我国古建筑最大的亮点与精华。这节笔者试图用自己的认知及理解来诠释榫卯或斗拱图文检索的梗概，提供一些常识性的知识。

近几年，国内的木作特别是微木作的兴起，让很多设计师及企业家将视野重新回归传统文化的文创赛道上。

3.3 车床的使用方法与练习

前面我们提到了车床和车床匹配的相关刀具及附件，本节主要讲解车床的具体使用方法。

车床主要通过车刀对旋转的工件进行车削加工。在车床上还可以用钻头、扩孔钻、铰刀、丝锥、板牙和滚花工具等进行相应的加工。

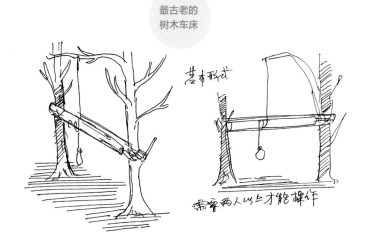

最古老的树木车床

我们先来看一下车床的历史。早期发明的车床比较粗糙，操作时用脚踩住绳子下方的套圈，利用树枝的韧性把工件带动旋转，用石片或贝壳等作为刀具，对物品进行切割。

13 世纪的脚踏车床

13 世纪，木工工具有了很大的改进，除了木工常用的成套工具，如斧、弓形锯、弓形钻、铲和凿，还发展了球形钻、能拔铁钉的羊角锤、伐木用的双人锯等。广泛使用的还有长轴车床和脚踏车床，可用于制造家具和车轮辐条。脚踏车床为近代车床的发展奠定了基础。

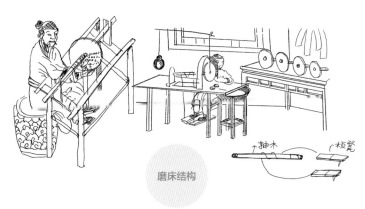

磨床结构

明朝出版了一本奇书叫《天工开物》，其中记载了磨床的结构，这里利用了类似脚踏车床的原理，用脚踏的方法使金属盘旋转，配合沙子和水来加工玉石。

莫兹利是现代车床的发明人，被称为英国机床工业之父。他于 1797 年制成了第一台螺纹切削车床，它带有丝杆和光杆，采用滑动刀架——莫氏刀架和导轨，可车削不同螺距的螺纹。

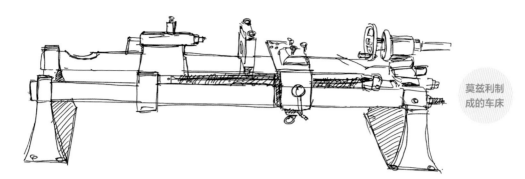

莫兹利制成的车床

20 世纪初，拥有独立动力源的动力车床终于被开发出来，这将车床带到了新的领域。在此期间，由于福特公司大量生产汽车，许多汽车零件必须用车床加工，为了确保零件供应充足，供货商必须大量采购车床才能应付所需，工业车床逐步发展到我们今天依旧使用的样子。

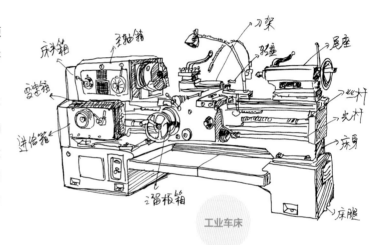

工业车床

基于工业车床的结构，简化出了适合木作的车床，它更加小巧灵便，中大号的木工车床的落地床腿也骨架化了，大大降低了成本，成为现在广受欢迎的样子。该类木工车床最具乐趣的莫过于用各种铣刀来车木玩、木盆、木花瓶等木作作品。

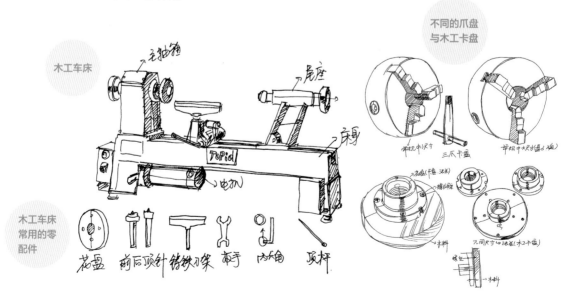

进入自动化时代，木工车床又进行了升级，加装了数控显示、按钮控制、无级调速、自动进给等现代电子控制技术组件。下面是中小型桌面简易数控车床。

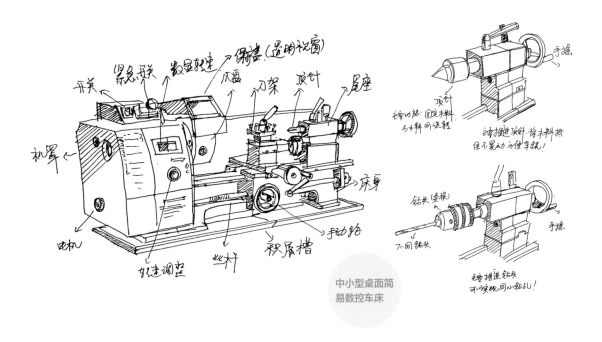

中小型桌面简易数控车床

随着技术的发展，数控编程也逐步加入木工车床中，这些能编程的数控木工车床大大提升了加工效率，可以车楼梯扭曲的柱子等非标的形体。

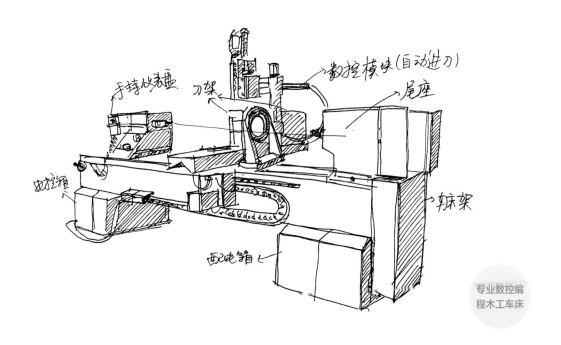

专业数控编程木工车床

3.3.1 擀面杖的加工制作实例

将圆木棍的直径进行车削加工，让加工的圆木棍两头直径缩小一半，变成擀面杖。

通过简易的市场调研，寻找需要加工的擀面杖类型，确定各个部位的参数尺寸。加工的基本方法是先绘制加工平面图（擀面杖正视图）及尺寸，并将两端的线条绘制完毕，再车削圆木棍的两端（加工过程中参考标注的线条）。加工过程中最大的难点是加工两端的曲面手柄。将手柄分段画线条标注，作为后续手工轮进给过程中的参考。这里需要再次使用游标卡尺测绘，以获得相对精准的弧线。最终通过砂纸打磨，精修圆木棍的表面，获得表面光滑的擀面杖。

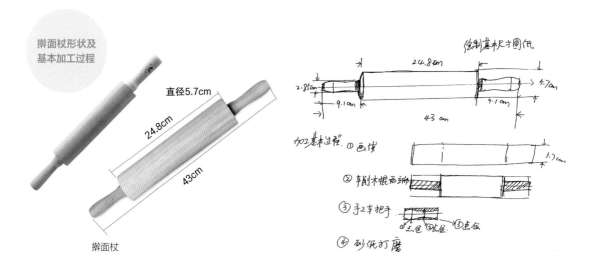

该实例中，首先要解决加工中圆木棍圆心的安装，如果圆木棍两端不同心则势必产生误差，从而导致木料浪费。因此，在加工前，为了准确获得圆木棍两端的圆心位置，需要用爪盘固定圆木棍的一端（适当露出一截），然后移动尾座，摇动手轮，用顶针在圆木棍的一端确定定位点，以便后续加工时中心轴的对位。

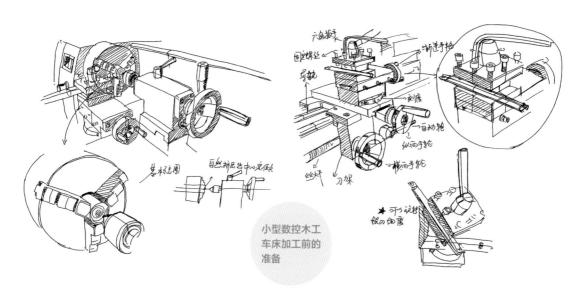

圆木棍两端圆心确定完毕后，用圆规在两端绘制设定的圆形，以便加工过程中有参考线。接下来我们用合理的方式固定圆木棍。

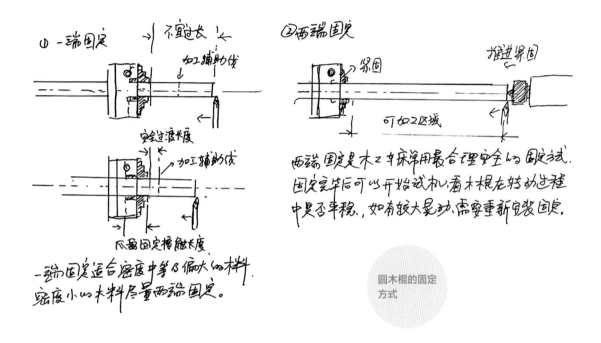

如果加工材料是榉木，其强度、密度及加工性能良好，则可以仅固定一端，露出需要加工的一端进行数控加工。此外，也可以用常规的方式，固定两端，一端由卡盘固定，另一端由顶针推进固定。如果加工材料是松木，那么最好的方式是两端固定的常规方式，因为仅固定一端时，被固定一端的松木棍表面会在车削过程中受力而留有较深的爪痕，而且加工过程中还会产生偏差晃动，导致加工事故。

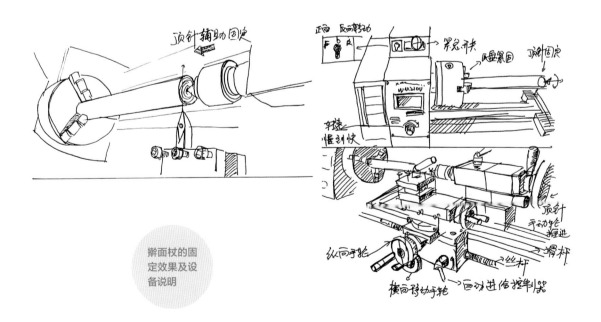

相比纯粹靠经验来车削的木工车床，桌面数控木工车床的优点在于，初学者也能通过合理的加工过程确保圆木棍被准确安全地车削出来。纵向手轮控制刀头的渐进，从而控制车削深度；而横向移动手轮、横向微调手轮、自动进给控制器是圆木棍车削过程中速度及位置的控制装置。大家在操作过程中需熟悉各个模块的功能及特点，只有这样才能保证操作准确。

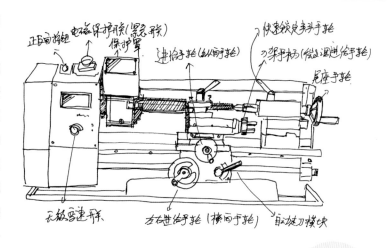

木工车床加工过程中，最难的还是曲面的准确加工，如果是数控木工车床则会轻而易举地解决。而靠手工车削加工曲面，则相对不易。对于初学者，要想车削出相对准确的曲面，可以将加工的圆木棍进行分段画线，结合游标卡尺确定不同线段的车削尺寸，形成以线段加工而成的"曲面"。

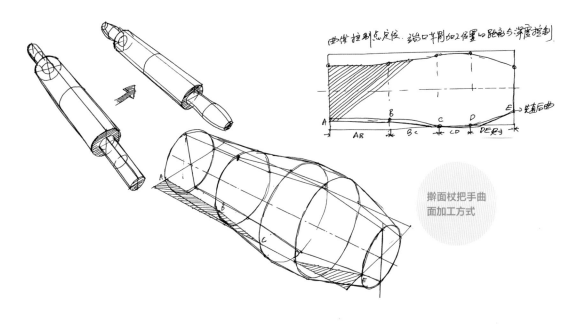

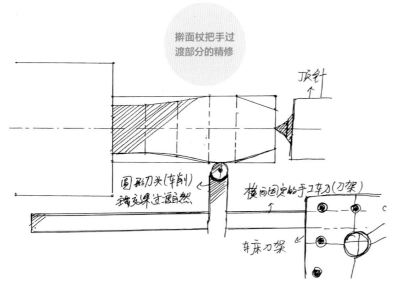

圆形刀头（车削）
端交界过渡自然

横向固定的手工车刀（刀架）

顶针

车床刀架

最后的车削环节可以通过手工车削来完成。这里用到了圆形的车刀，对直面与直面形成的折面进行加工，从而形成接近设定的曲面。也可以直接将纵向手轮与自动走刀结合进行精修，形成所需的弧面。这里的转速需要控制，避免进给及转速过快，造成车刀误车削的情况。如果想要高精度的曲面加工，就需要设计师自己加工一个能控制曲线走刀的夹具。

一端车削完成后，换成另外一端继续加工。这里需注意爪盘固定的位置最好不是把手部分，以免紧固的过程中爪盘破坏相对平滑的曲面，形成爪痕。至此，车床的车削过程已经全部完成，剩余的工作则是打磨。打磨的砂纸一般从小目数到大目数。小目数的砂纸比较粗糙，适合打磨曲面，从而形成流畅的曲线，然后目数逐步增大，可以升至1500目，这样基本就能得到表面光滑的把手了。加工过程中，也可以对擀面杖的中间区域用砂纸进行恰当的打磨，从而使整体形成一致的手感。

砂纸打磨可以直接使用美工刀裁切后的条状砂纸，也可以将条状砂纸用热熔胶固定在小木块上。注意，主要作业区域为车削完毕的把手。

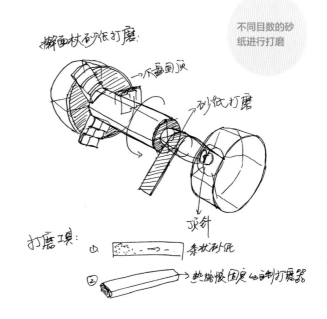

擀面杖砂纸打磨：
一爪盘固定
砂纸打磨
顶针

打磨工具：
小 → 条状砂纸
大 → 热熔胶固定他们制打磨器

本实例主要锻炼木作学习者对于木工车床使用的基本认识——寻找圆木棍两端圆心的方法，学习对圆木棍合理紧固车削的方式，以及车削不同长度和深度的把手的方法、曲面车削的方法、精修车削曲面的方法、打磨加工物的方法等。

3.3.2 木榛果的加工制作实例

木榛果
效果图

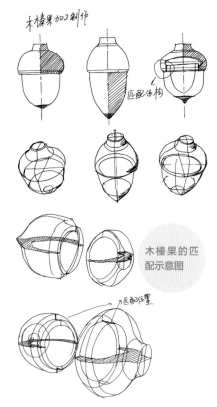

木榛果加工制作

匹配结构

木榛果的匹
配示意图

匹配位置

对于很多木作爱好者来说，木作仿生设计及加工是常见的形式。本实例主要练习曲面加工制作的方法，相比擀面杖加工制作实例，木榛果的加工则显得更加复杂。一方面要考虑曲面的曲率如何车削加工；另一方面要考虑上下模块的配合问题，主要是上部分内径与下部分外径的匹配，如果误差过大，需要再次加工及打磨。除此之外，木料的热胀冷缩会使匹配位置产生变化，让整体匹配度不够。

这里使用的材料可以是规则的榉木棍、胡桃木棍，也可以是有一定规格的榉木块与胡桃木块，还可以是常规作为雕刻木料的椴木。制作时可以仅用一种木料，后续再用马克笔或丙烯颜料上色。

确定了圆木棍木料（现成的或后续再加工的），用游标卡尺确定各个部件的尺寸，这里最好用三维软件进行逆向模拟，这样得出的尺寸在后期修改时也比较方便。木榛果主要由上、下两部分构成，加工过程中需要边加工，边揣摩，尽量使用让上、下部分最精确匹配的加工方式。

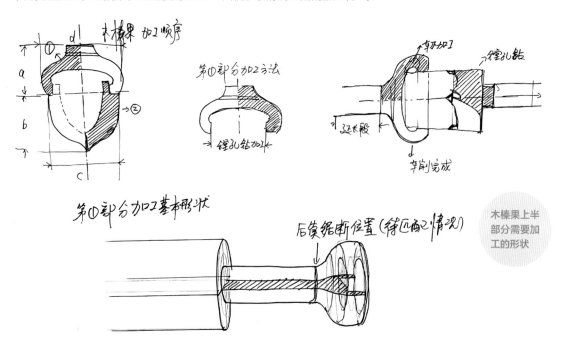

木榛果 加工顺序

第①部分加工方法

镗孔钻加工

车削加工

镗孔钻

延长段

车削完成

第①部分加工基本形状

后续锯断位置（待匹配情况）

木榛果上半
部分需要加
工的形状

这里主要涉及小尺寸的曲面加工。小曲面加工意味着曲面部分很难被爪盘精确固定，因此需要借助留出的木榛果的柄部来确保后续精加工及切断的位置。

这里的内径可以用镗孔钻来加工完成，镗孔深度可以由尾座手轮推进来控制。这里需要注意的是，圆木棍不要外露太多，没有顶针辅助，仅靠爪盘固定的圆木棍在作业过程中容易晃动。这里也可以使用不同长度规格的钻头钻孔。

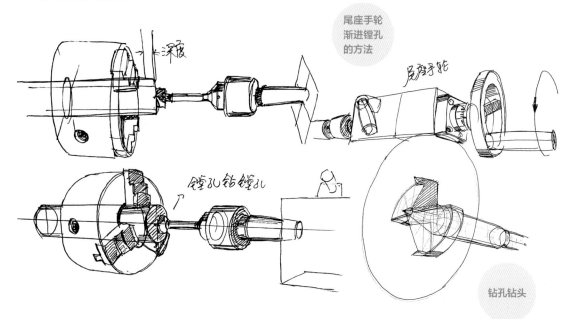

这里的内径可以用镗孔钻来加工完成因为镗孔的深度有限，且镗孔钻中间的车削模块会让圆木棍在镗孔过程中自然留下圆心，所以非常适合后续用顶针来固定，这样可以方便加工木榛果的柄与曲面部分。在加工过程中，需要结合游标卡尺来画线，确定木榛果部件的尺寸及外径。车削木榛果的柄部相对比较容易，渐进多次的车削基本可以达到要求。最难的是通过手工车削不规则的曲面，这里需要配合纵横向手轮来完成曲线走刀，将直线或折线通过双手手轮转动形成断断续续符合曲线车削的点位，熟悉后可以尝试一气呵成，连续车削走刀，这样就能形成相对光滑的曲面。后续可以将菱形车刀换成圆形车刀，圆形车刀可以修正菱形车刀断断续续的阶梯痕迹，其加工后的表面也比较光滑。

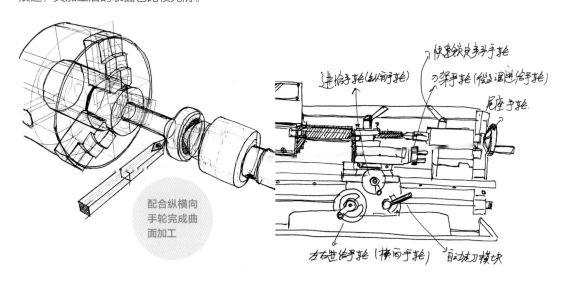

加工完上半部分后，我们来看一下木榛果下半部分的加工方法。这里主要涉及内径的匹配问题，上、下部分的紧固部分需要游标卡尺来辅助完成。由于圆木棍的测绘容易出现误差且加工过程中圆木棍易产生毛面，这些都可能产生或大或小不能匹配的结果，因此要选用合适的加工方式。

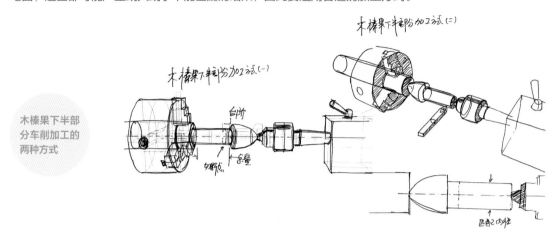

木榛果下半部分车削加工的两种方式

上面两种加工方式都能获得相对准确的造型及匹配的结果，其最大的差异在于对柄部的加工。上面第一种加工方式中，直径只能借助游标卡尺来测量，一旦产生误差，加工就需要从头再来。第二种加工方式的好处在于加工的过程中，不仅可以借助游标卡尺来测量，而且加工过程中可以非常方便地将顶针移开，与已经车削完毕的上半部分的内径进行模拟匹配，从而用纵向手轮微调的方式来控制偏差的尺寸。第二种方式是通过加工端口的一小部分进行匹配的，即使出现误差，后续也很容易进行调整，因此第二种加工方式更适合。

带柄的木榛果上、下部分完成后就可以进入打磨阶段，其打磨方式与上一实例一样。砂纸可以单层，也可以通过折叠增加砂纸强度，目数也是从小到大。需要注意的是，打磨下半部分时，尽量用大目数砂纸打磨，以免加工过猛而出现匹配松动导致脱落的问题。

木榛果车削加工的过程

镗孔钻与圆木棍的固定　　镗孔钻镗孔加工　　曲面加工及切断

木榛果微木作加工练习作品

木榛果最终加工的两个模块　　木榛果练习作品　　不同木质的练习作品

本实例主要练习镗孔钻在车床上的加工方法，了解菱形车刀与圆形车刀在车削过程中的不同，了解配合双手轮完成曲线走刀的加工方法，以及内外径的加工匹配方法、小物件打磨的方式等。

3.3.3 木手镯的加工制作实例

本实例设定为加工圆环，这里可以采用榉木、复合松木板、白蜡木等材料。先通过市场调研或在网络上查询数据来获得手镯内径、外径的尺寸及厚度数据，然后绘制加工草图或通过三维建模导出相关参考尺寸，之后确定好加工方法。

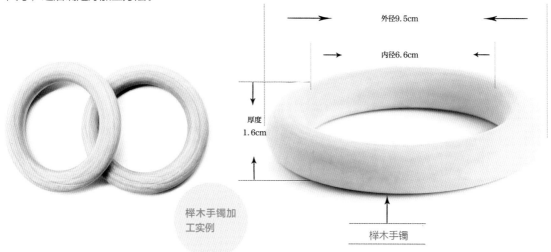

外径9.5cm

内径6.6cm

厚度
1.6cm

榉木手镯加工实例

榉木手镯

这里需要思考的几个问题：一是爪盘的 3 个卡盘爪的固定范围；二是如果选用的木料厚度比手镯的厚度大，怎么通过加工获得相同厚度；三是木手镯的内外弧面如何加工获得。

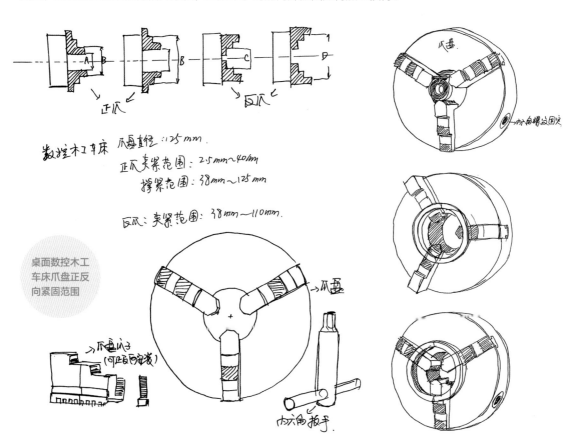

桌面数控木工车床爪盘正反向紧固范围

数控木工车床自带爪盘的直径是125mm，可以紧固对象的尺寸：正爪夹紧范围为直径2.5mm~40mm的圆柱体，撑紧范围为38mm~125mm，反爪紧固范围为38mm~110mm。我们不仅要了解爪盘固定的尺寸，而且要了解其极限尺寸。但如果加工木盆、木碗之类的产品，就需要木工法兰的配合。即便如此，因为数控爪盘与数控木工车床的位置和高度，一般还是受限于直径30cm以内的盆碗车削。

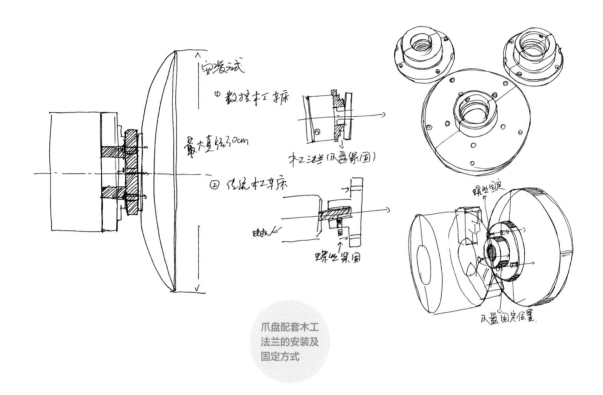

爪盘配套木工
法兰的安装及
固定方式

对于本次加工对象——木手镯这样的规格尺寸，可以选择中小规格的木工法兰。这里值得注意的是，不管加工的尺寸如何，尽量事先考虑加工车刀与固定螺丝的错位问题，否则如果车刀刚好在螺丝旋转的轨迹线上加工，则容易出现车刀损坏等事故。不要将螺丝位置刚好固定在木手镯的圆环上，否则容易留下孔迹而影响成品的美观度。比较好的方法是准备"备胎"（如车削报废的圆木块），通过胶水将圆形的松木与被加工物黏合，等固定好后就可以加工了。木工法兰固定螺丝的位置不受限制，但加工过程中还是要仔细，以保证毛坯木手镯成型的完整性。

接下来我们开始木手镯的正式加工。这里的"备胎"材料选用松木板，先将方形松木板进行木工法兰定位，然后用记号笔在选择的松木板上绘制圆形（其直径小于木手镯的内径），接着用手工锯或木工凿去掉多余的边角料，当然也可以直接用数控木工车床车削加工。

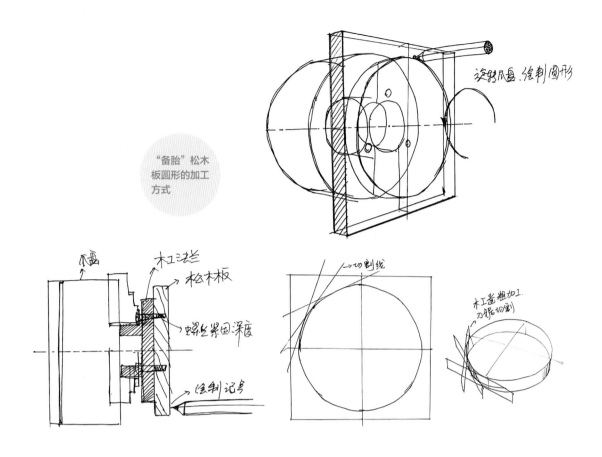

"备胎"松木板圆形的加工方式

设定木手镯的加工木块。尽量选择与加工对象参数相近的木块，这里木手镯的尺寸规格是外径 9.5cm，厚度为 1.6cm 的圆环，常规情况下我们不会刚好有这样的木料，因此加工近似的毛坯料就显得很重要了。

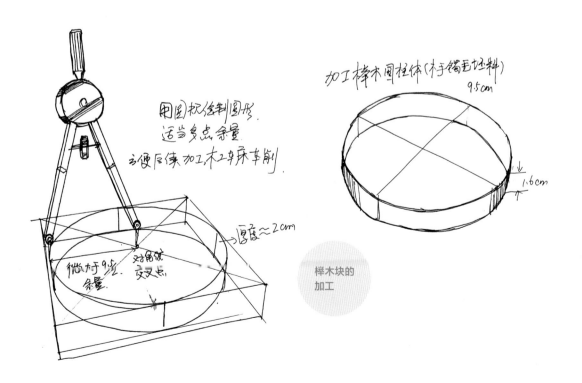

榉木块的加工

获得近似圆柱体的毛坯料后，绘制与圆形松木板半径一样的同心圆，目的是将松木板准确粘贴在榉木板上。等胶水干后，通过木工车床法兰螺丝紧固，进行车削加工。

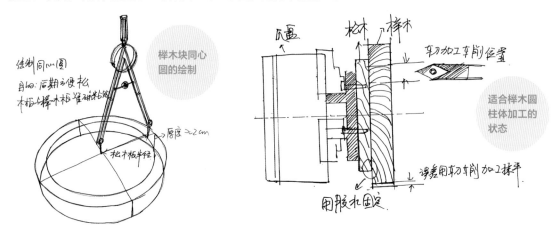

由于松木板的直径小于木手镯的内径，这里最好用圆规绘制，以获得安全加工区域，这样车削时圆环与木料刚好可以分离。车刀车削加工位置及范围需要设计师在制作过程中严谨设定好。

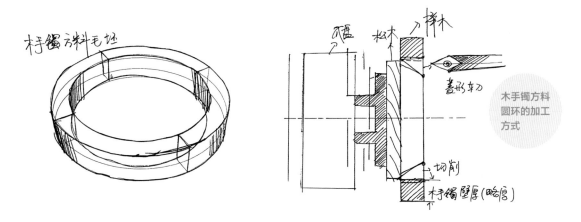

将榉木板车薄，使其厚度与手镯的厚度一致，剩下的就是将方形车削为非标椭圆形。这里要练习爪盘的正反爪安装与固定方式，可以正爪反撑圆环进行外表面车削，还可以反爪紧固车削内表面。反撑紧固用力要适当，毕竟选择加工的材料为木料，太松则加工时会打滑，太紧则容易损坏圆环，使之裂开而报废。

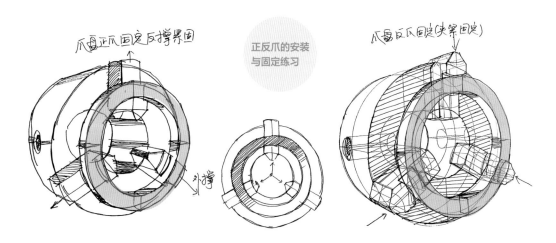

最后则是重复木榛果下部分的加工方式。这里渐进深度尽量小，反复加工次数尽量多，这样才不容易损坏圆环，让截面从方形逐步向非标椭圆形过渡。

本实例主要为了熟悉爪盘安装中的正反爪、备胎木料加工、圆规画线、车削圆环及后续车削弧面、用砂纸打磨。

接下来用实物及加工流程照片进行简略复盘。设计师可以依据本实例的方法加工，也可以尝试在安全的新路径下得出自己想要的加工结果。

中间体法兰的固定方式

法兰与木块的固定　　　法兰在爪盘上的固定　　　顶针辅助固定加工

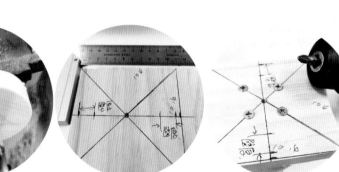

"备胎"加工与木料准确对位和螺丝紧固

"备胎"圆形木板的加工　　　木手镯基本加工图绘制　　　中心钻孔与备胎顶针孔对位及用螺丝
　　　　　　　　　　　　　　　　　　　　　　　　　（也可以用胶水）固定

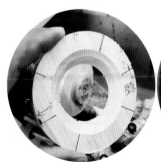

毛坯料圆环的加工方法

车削出木圆环（正爪紧固）　　　外轮廓导圆角（正爪反撑）　　　内圆环修正（反爪紧固）

内圆环修整

正反面打磨及圆角打磨

大目数砂纸打磨

木手镯精加工

木手镯最终
加工效果

3.3.4 圣诞树及台灯支撑杆的加工制作实例

本实例设定的是车削有锥度的木作产品。短距离锥度的产品这里设定为圣诞树造型的木作摆件，练习的主要是基于数控木工车床的锥度车削，短距离的锥度可以凭借车架的固定座转动偏移（主要靠刀架手轮微渐进车削）来获得。

圣诞树的
效果图及
基本结构

中长距离锥度的产品这里设定为中心钻孔的木作台灯支撑杆，其制作相比上述短距离锥度的圣诞树要复杂得多。

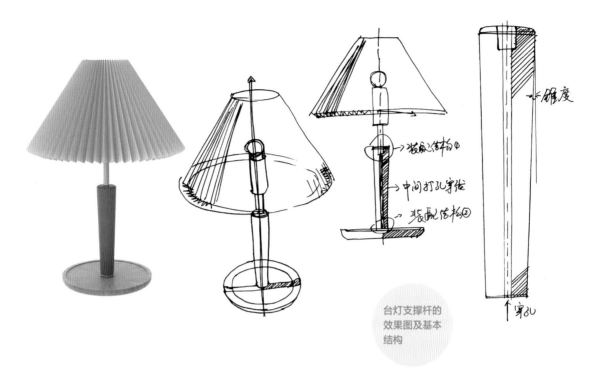

台灯支撑杆的
效果图及基本
结构

锥度

穿孔

装配结构①

中间打孔穿线

装配结构②

操作上述两个实例前，我们先了解数控车床刀架的固定旋转问题，以及转动刀架形成合理的车削角度的方法。

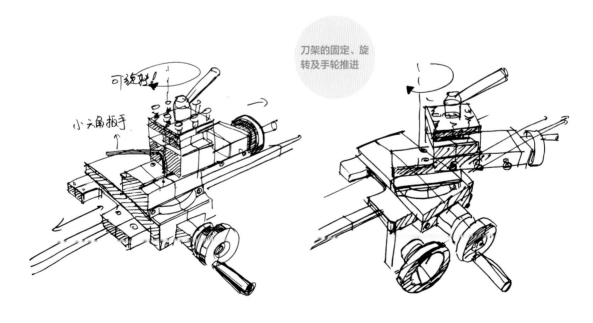

刀架的固定、旋
转及手轮推进

可旋转！

小六角扳手

这里的刀架角度范围还是比较大的，只要不超出尾架及三爪盘旋转安全区域，基本可以达到 145 度。因此，斜角的长度一次可以达到可旋转刀架手轮渐进的长度，常规距离是 6cm~7cm。下面先看一下短距离的锥度车削。因为圣诞树需要进行不同角度的车削，车削的深度为其圆锥的半径减去躯干的半径，每车削完一个，就需要调整刀架的角度。

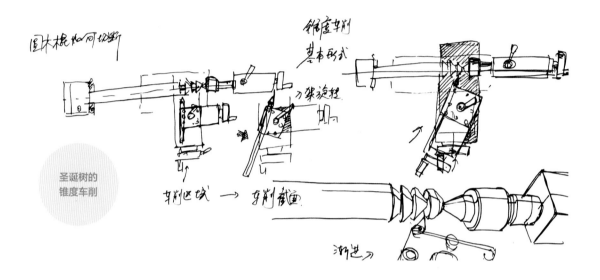

圣诞树的
锥度车削

接下来再完成中长距离钻孔与车削。常规立式转床可以钻孔的长度仅仅是常规钻头的长度，并不能使用不同规格的长钻头。为了合理又准确地钻孔，我们先用数控车床加工圆木棍的同心圆"导航"孔。"导航"孔即先加工一定深度的圆孔。为了辅助后续的长钻头定位，用手电钻搭配同直径的长钻头再加工，即可得到较深的同心孔。

钻中长距离
圆孔的方法

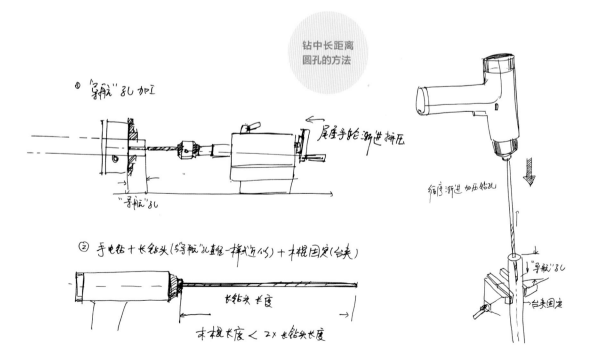

完成长钻孔后，用数控车床加工锥度中长圆木棍，同心孔加工后的圆木棍非常容易固定，即进行尾座顶针固定。由于要加工中长距离的锥度，因此刀架需要调整旋转的夹角比较小，此时刀架的旋转及试加工就显得非常重要了。由于刀架手轮渐进的长度仅为 6cm~7cm，因此需要多次复位及多次对刀校正再进行手轮渐进。这里的难点在于准确对刀，如果不准确，就会在每个渐进过程中留下刀痕，从而影响后期平滑打磨。

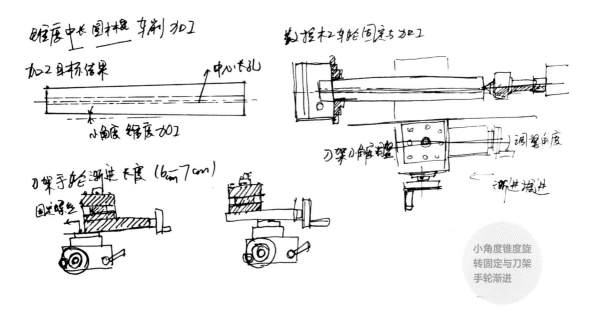

小角度锥度的中空圆木棍加工完成后，用各种砂纸对木作进行打磨。车削完成后将刀架后退，旋转至适合转速，用粗砂纸在旋转的锥度圆木棍上打磨。先打磨车削后的毛面及刀痕，后续提升砂纸的目数，再将圆木棍打磨至光滑。

第 4 章

微木作设计与加工

这一章相对更具有技术性，介绍了数控加工及手工木作的特点；结合大量的实战案例，讲解了微木作设计与制作的方法。现代技术和传统技艺结合，取其精华，去其糟粕。

　　木制品的造型特征是选择合适的加工工艺的基础。数控加工精度高，容易实现标准化，但其局限性在于对产品的外形有要求。可以理解为以大直线、大曲线居多的产品适合选择数控加工方式，而曲折、轮廓较复杂的产品用数控加工则费时费力。在细节较多的木作产品中，可以用数控加工工具进行粗加工，而传统的雕刻刀、木工凿则可以进行后期的精细加工，这依托的就是木匠的手艺。通常非标木作产品主要依靠数控加工工具进行局部加工。与电子产品相结合的微木作产品，在本章的案例中也有讲解，这对微木作爱好者来说极具挑战。通过对大量案例的学习，我们可以一窥微木作的设计与制作方法。

4.1 数控加工及手工木作的特点

本节主要介绍数控加工及手工木作的一些特点和优缺点。

数控加工的基础是产品的三维建模及编程，最适合的就是曲面加工、标准轮廓加工等，是木雕工业化批量制造的基础。其缺点在于不适合普通的木工爱好者参与，毕竟需要学习的内容远比手工木作的制作要复杂。如果要配置相关设备，需要一定的资金投入及场地。

手工木作具有学习快、投入成本低、容易在加工过程中获得机器加工不能给予的快乐等优点。此外，初期制作可以比数控加工更快地获得样品，并且在制作过程中更容易获得新的灵感及突破现有问题。实际上，对于设计师而言，制作是验证设计的手段，无论采用什么方式，结果理想即可。

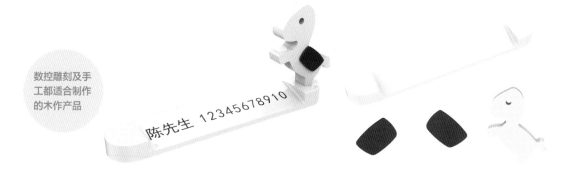

数控雕刻及手工都适合制作的木作产品

上图中的汽车挪车牌在加工制作时，因为其造型从三维建模上来说几乎都是拉伸成型的，而对于三轴数控加工而言，可以根据木料的长宽一次性批量加工多个单一零部件，这种标准化程度非常高。如果用手工制作，就需要通过圆锯机、电动曲线锯及木工铲结合的方式加工。如果"马儿"的尺寸较小，那么曲折的轮廓处理就会遇到较大的困难，需要制作者熟练掌握电动曲线锯的操作方法并后续对细节进行精修。

雕刻刀与铲刀、木工凿在手工木作中扮演着极其重要的角色。虽然在工业化批量制造中很多木工工具已被三轴雕刻机替代，但在微木作中，雕刻刀在木偶类的制作中起着独一无二的作用。

主要靠木工雕刻刀制作成型的木作

时至今日，很多资深木作设计师依旧喜欢用传统木工工具进行创作，他们在制作各种零部件及纹样时，可以边做边思考。现在的三轴雕刻机主要还是用于对确定好的产品进行工业化批量加工，这样的好处在于制作标准化及省时省力。我们可以简单地认为传统木工工具主要用于体验及出样，而设备则倾向于批量生产。

对于很多旧民居，如安徽宏村的镂空木作，依旧需要技艺高超的木匠进行复制还原及修复，这里的浅雕、深雕、镂空雕工艺让人叹为观止。

三轴雕刻机如今已成为很多微木作创业者必备的设备，这种机械最大的好处之一是可以工业化批量生产。

4.2 微木作设计与制作案例

4.2.1 卡通木作冰箱贴的设计及制作

卡通冰箱贴不仅可以用来装饰冰箱，还可以用作即时贴。造型可爱的冰箱贴可以用来装饰书架等地方。

主要木工工具：木工车床、铲刀、雕刻刀、圆锯机、立式钻床、砂纸打磨机、马克笔或其他颜料等。

冰箱贴属于中低难度的木作，制作时通常整体轮廓由木工车床加工，再用圆锯机切断，最后用木工车床加工出能装磁铁的内凹圆孔。后盖的薄木片由圆锯机（或手工锯）锯切获得，其最大的优点在于木与木黏合后，磁铁不会脱落，整体感更强。以下为一些卡通木作冰箱贴的设计方案。

■ 设计方案一：螺丝、纽扣形式的木作冰箱贴

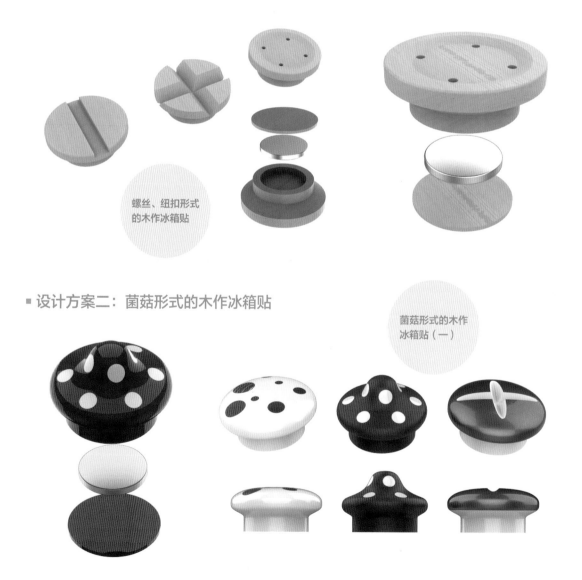

螺丝、纽扣形式的木作冰箱贴

■ 设计方案二：菌菇形式的木作冰箱贴

菌菇形式的木作冰箱贴（一）

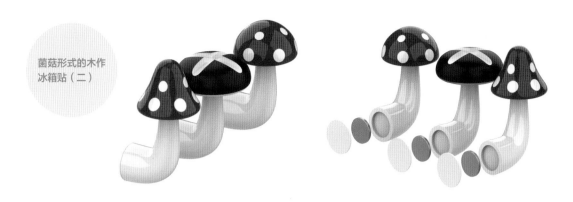

菌菇形式的木作
冰箱贴（二）

■ 设计方案三：甜甜圈形式的木作冰箱贴

甜甜圈形式的
木作冰箱贴

■ 设计方案四：瓢虫木作冰箱贴

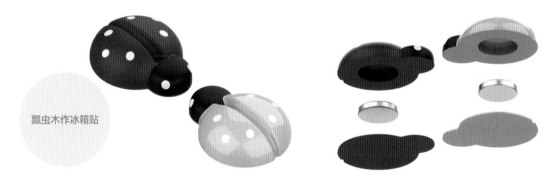

瓢虫木作冰箱贴

■ 设计方案五：动物头像类木作冰箱贴

动物头像类
木作冰箱贴

4.2.2 木制容器的设计及制作

下面介绍木制容器的制作方法。常规的木制容器为木碗、木盆等车床加工的物件，茶水托盘、蔬果托盘及盛放装饰品等半人工、半设备加工的物件，这些基本上是木作爱好者参与度极高的项目。

▪ 设计方案一：偏直线条的小号浅底木盆

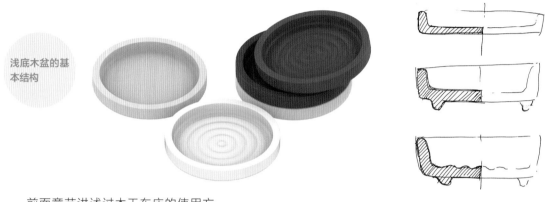

浅底木盆的基本结构

前面章节讲述过木工车床的使用方法，该方案属于木工车床车削类中相对初级的加工项目。此方案的制作包含了当下很多木作类短视频中常见的加工流程：用木工法兰固定车削木料、用木工车刀加工轮廓边缘及进行内部车削、加工涟漪状的内侧盆底、用反向爪盘固定中间掏空的木盆来车削外侧盆底，以及后续砂光与上木蜡油。

用木工车床加工木盆圆柱示意图

上述方式是木盆加工的基本方式。有一定厚度的木料可以用木工法兰直接拧紧固定。对于薄一点的木料而言，如果螺丝穿孔，木料加工后就会留下螺丝孔，从而影响整体的美观性。

因此，将薄板车削成圆柱体时，就需要"隔离层"木板。一般来说，这个"隔离层"可以先进行加工，直径要大于木工法兰的直径，后续用木胶水将要加工的木料与这个"隔离层"进行粘贴，等木胶水干后就可以进行车削加工了。此时要加工木料的另一面需要通过尾架固定顶针的方式进行固定。

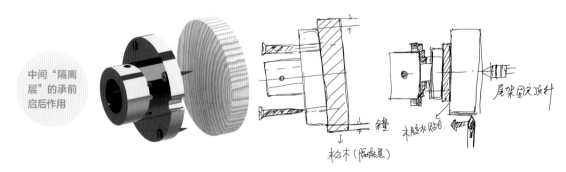

中间"隔离层"的承前启后作用

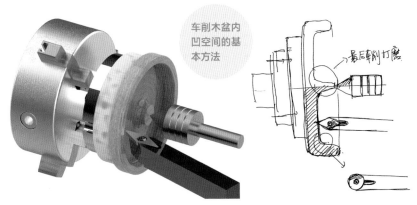

车削木盆内凹空间的基本方法

木盆的外围车削完毕后，就需要车削木盆内部了。木盆的车削过程需要承受较大的车削力，这里依旧需要顶针固定。先初步车削，去掉大部分余料后再进行精修。

最后轮打磨

车削完内凹的一面后，就要加工与"隔离层"粘贴的盆底，这里需要另外一个木工车床卡盘进行盆壁紧固。相比爪盘，木工车床卡盘在加工木盆或木碗中有较大优势，一方面是因为加工的直径比爪盘大很多，另一方面是因为紧固的点位多，木料固定更稳妥，可以不用尾架顶针紧固。

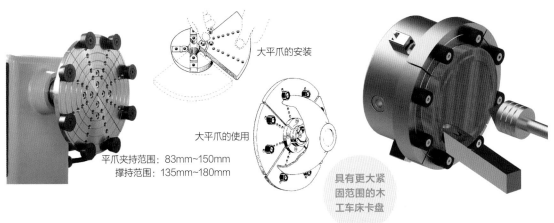

大平爪的安装

大平爪的使用

平爪夹持范围：83mm~150mm
撑持范围：135mm~180mm

具有更大紧固范围的木工车床卡盘

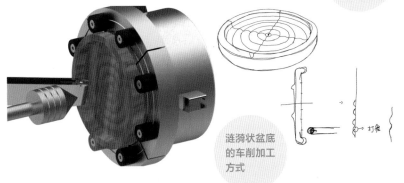

涟漪状盆底的车削加工方式

接下来了解涟漪状盆底的车削方法。这里主要用圆头车刀与砂纸打磨结合的方式进行加工。用圆头车刀前，先确定每个涟漪的波谷位置，可以用圆规确定后再在车床上旋转绘制。车削完成后，进行砂光及上木蜡油护理。

打磨

车削木盆最终需要达到的样子

▪ 设计方案二：拼花木碗和木盆

说起木碗的车削加工，这里不得不提河北省邯郸市肥乡区沙窝村的木旋技艺。他们的木碗是用古老的旋床、砍木头用的单刃斧和各种尖刀、挖刀及祖辈口传身教的木旋技艺制作而成的，传承至今已有 500 多年的历史。

沙窝村木碗制作工艺

沙窝村制作的木碗是很有讲究的，使用的木材必须是柳树的材质，利用非常原始的方法对木材进行裁剪，再用斧头劈出所需要的部分，然后在机器上制作出木碗的轮廓。每个木碗都通过脚踩进行发力制作。双脚踏动木棍一上一下，连在木棍上的布带动上方的转轴转动。用此技术制作出来的木碗比普通制法更省木料，而且盛饭时不烫手、不易裂、不怕摔且经久耐用。

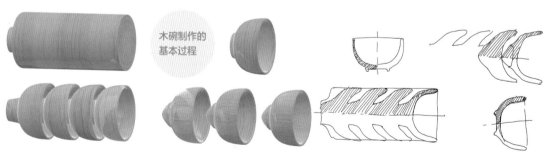

木碗制作的基本过程

回到本案例——拼花木碗制作。先对木料进行拼花处理，简而言之就是不同颜色、不同种类的木料锯切后用木胶水粘贴，再用木工夹紧固后变成一块新的木料，然后按照常规木碗的加工方式进行加工。

拼花木碗效果图及木料的拼花效果

拼花木碗的制作属于较为简易的拼花粘贴及车削加工，但这种方式是日常木工的基础，后续的车削必须是在拼花木块干透后进行，否则容易出现加工事故。通常而言，车削木碗需要的木料相对较大，用小块木料拼贴可合理利用木料。

拼花木盆与木碗的加工过程相似，下面是拼花木盆的加工过程。

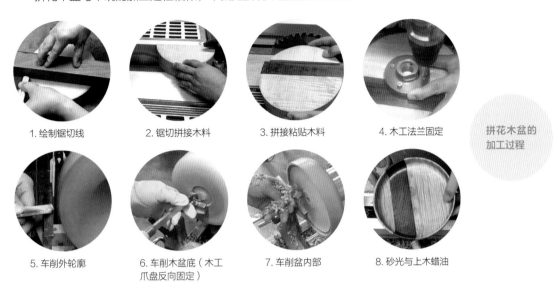

1. 绘制锯切线　　　2. 锯切拼接木料　　　3. 拼接粘贴木料　　　4. 木工法兰固定

5. 车削外轮廓　　6. 车削木盆底（木工爪盘反向固定）　　7. 车削盆内部　　8. 砂光与上木蜡油

拼花木盆的
加工过程

下面再做一个十字拼花木盆。十字拼花需要将木料拼贴出十字形，后续的加工流程大同小异。

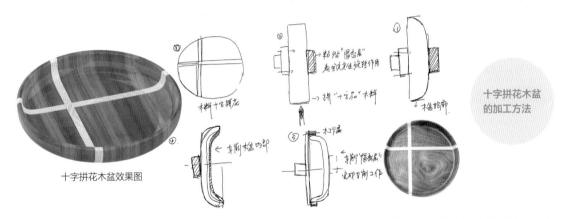

十字拼花木盆效果图

十字拼花木盆
的加工方法

我们常规用的是三爪或四爪卡盘，这些卡盘能正向或反撑紧固，但这些紧固因为接触点相对较少，容易留下爪痕，且紧固的木料在车削过程中容易打滑而出现加工事故。这里用的是车床联动圆弧卡盘，其优点在于用圆弧形式卡位，木料非常紧固；缺点在于设定的直径单一，适合紧固同一直径的木料（隔离层）。

常用于紧固
木碗碗底的
车床联动圆
弧卡盘

通过上述车削案例的练习，基本可以掌握拼花木碗、木盆的加工制作。这种制作方法同样适用于制作实木灯罩，但受制于车床可加工的尺寸，实木灯罩常规直径小于 30cm。

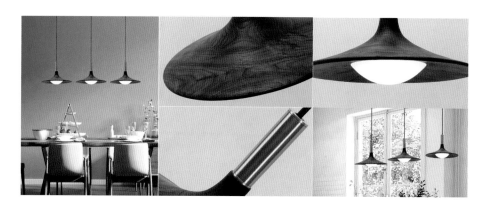

胡桃木拼接的灯罩

■ 设计方案三：非标木容器

前面案例的木制容器主要基于车床的车削加工而成，下面主要由手工或木工数控雕刻机制作而成。

手工加工的木作容器

非标木容器设计及加工是设计师及木工爱好者参与度非常高的木作产品方向之一。制作者可以根据自己的想象与理解，基于手头木料的轮廓及特点，进行浅浮雕似的铲空，并对表面进行适度的雕刻，从而形成具有强烈手工艺感的木作作品。

具有强烈手工艺感的木作容器

实木茶台是典型的非标木容器，它也是近些年来木制品行业中占有较大比重的产品，与陶制茶台、复合竹木茶台等共同成为当下茶台的主力军。这些批量化生产的茶台主要由木工数控雕刻机制作而成。

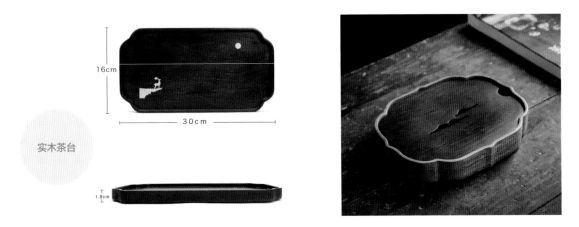

实木茶台

茶则是茶道六用之一，是民间烹试茶时量取茶末入汤的量具。下面介绍手工木茶则的制作方法。通常而言，不规则轮廓的木容器需要合适的固定方式，一般有木工台架、手作木工作业固定装置或笔者经常使用的热熔胶固定方式。无论使用哪种方式，制作者需要根据具体情况，发挥自己的创意进行改造加工。

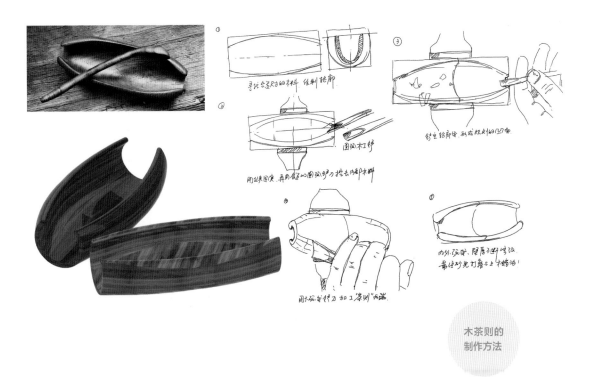

木茶则的
制作方法

上述案例常规只能用手工完成或借助木工电动工具完成，每个产品的长宽高参数很难保持一致。而对于木工数控雕刻机而言，最适合加工的弧度基本小于 180 度。如果用木工数控加工上述的木茶则，则只能对其中心的部分进行雕刻清除，而两侧的圆弧面还是需要人工进行完成。这种方式相比纯手工，标准化程度相对较高。

笔者根据自己的加工经验，以鱼形木容器为加工案例，讲解三轴数控的加工方法。这里不仅产品的建模很重要，基于三轴数控的特点来进行合理的编程并铣削也很重要。除此之外，木料正反面加工过程中确定铣刀的起始加工位置，是把模型转换成加工编程的一个难点。剩余的肌理用木工铲进行面的修整，从而达到所需的效果。

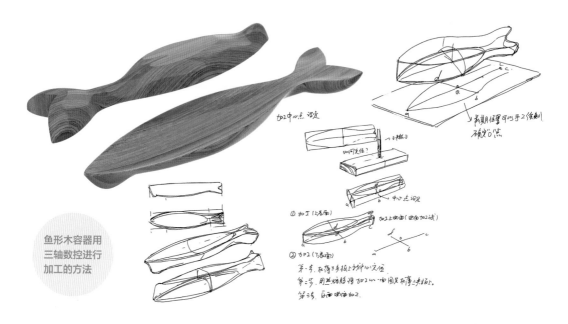

鱼形木容器用三轴数控进行加工的方法

木容器的设计制作看似简单，实际在制作过程中非常考验手艺人的手头功夫。瓷器制作工艺对木容器的制作具有非常大的借鉴意义；日本器物的设计制作及应用，对木容器的发展也有借鉴意义。

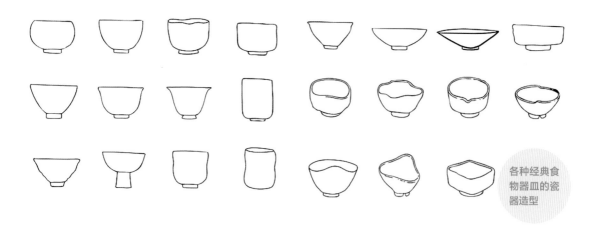

各种经典食物器皿的瓷器造型

4.2.3 手机支架的设计及制作

木作手机支架是根据不同型号、不同牌子的手机产品设计出来的，追求舒适并符合人体工程学设计理念，从而让使用者获得更舒适的观影体验。

手机的摆放方向及角度适当且可调是本次木作手机支架设计及制作的重点。

■ 设计方案一：偏轮廓造型的木作手机支架

小号尺寸约为：长9cm，高5.3cm，厚度3.7cm。

大号尺寸约为：长13cm，高8cm，厚度4.5cm。

涉及工具：曲线锯（大象轮廓及耳朵）、木工铲（轮廓精修）、立式钻床（笔插部分及眼睛）、木工凿
（修整笔插位置，铣圆孔后将其变为倒角的立方体孔）、打磨砂光工具。

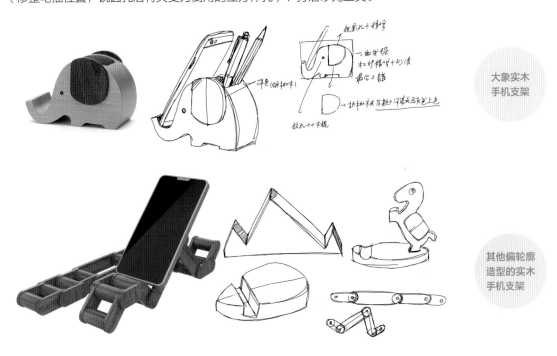

■ 设计方案二：鳄鱼木作手机支架

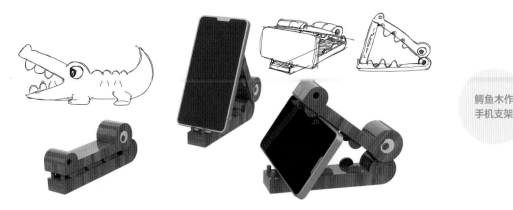

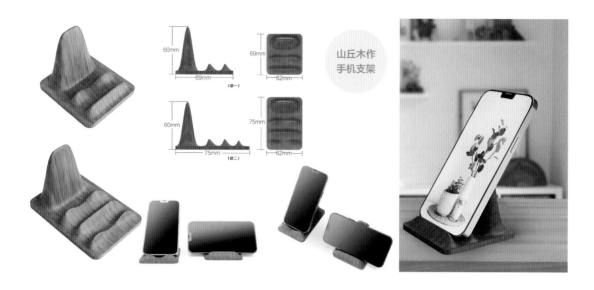

4.2.4 挪车电话牌的设计及制作

挪车电话牌通常放在非常明显的位置，为了不影响驾驶员行车时的视线，最好放在副驾驶位挡风玻璃处。

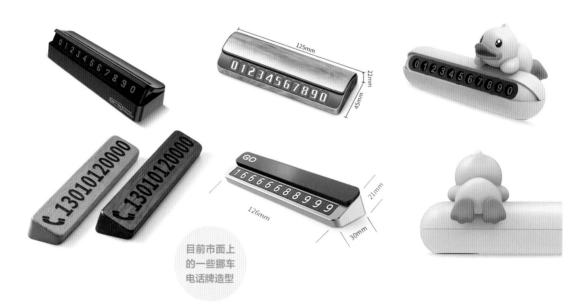

制作木作挪车电话牌时，除了注意用激光打标机将电话号码标注上去，还要注意在日光暴晒后是否可以牢固固定在车上等问题。背胶一般选用 3M 双面胶。挪车电话牌的材质从早期的纸质到现在的塑料、木料及金属，功能从纯粹的电话号码"显示"及"隐藏"到香氛功能的融入，局部功能有了一定的发展。

■ 设计方案一： 传统打字机按键的实木挪车电话牌

本案例制作前期主要由圆锯机锯出长宽高合适的木料；圆角部分先用电动曲线锯或手工锯锯出，再用铲刀及砂纸打磨成圆滑的圆角；钻孔部分由立式钻床加工；木料的斜面可以由手工锯及木工铲结合完成，用砂纸打磨；最终形成挪车电话牌的底座。挪车电话牌的传统打字机按键用木工车床加工，银色质感通过喷漆来完成，上面的数字用激光打标机来完成。在底座粘贴 3M 双面胶，完成制作。

本案例的加工难点在于几个木工设备的结合使用及数字打标。

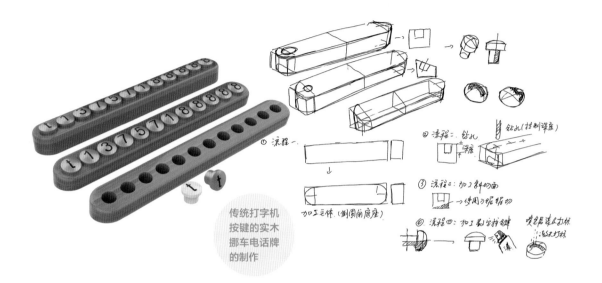

传统打字机按键的实木挪车电话牌的制作

■ 设计方案二： 串珠算盘式的实木挪车电话牌

本案例采用串珠算盘式的设计方式，算珠的质感用金属漆喷涂的方式来实现，数字还是用激光打标机来实现。这个串珠算盘式的数字键不仅可以更换数字，而且可以根据用户的需求进行旋转隐藏。

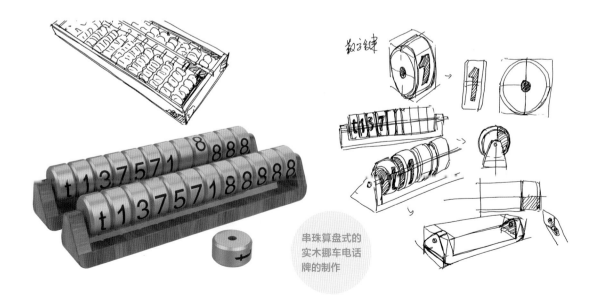

串珠算盘式的实木挪车电话牌的制作

4.2.5 实木钟表的设计及制作

这里的案例主要呈现其设计特色及加工特点。

较有设计特色的实木钟表

▪ 设计方案一：装饰画实木钟表

本案例为配电箱装饰画钟表，原理非常简单，即在配电箱装饰画的基础上加入钟表模块，装饰画有了显示时间功能。相比普通的装饰画，装饰画钟表的厚度比原有画框厚 10mm~15mm。

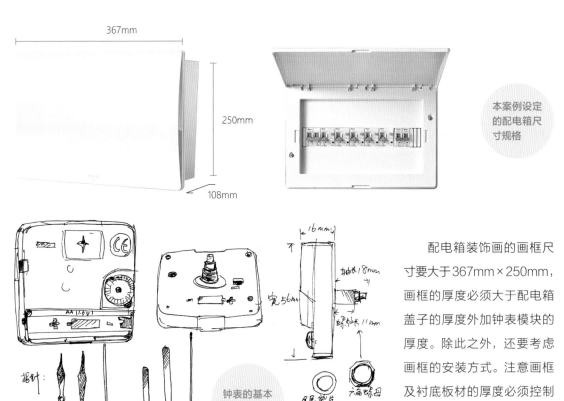

本案例设定的配电箱尺寸规格

钟表的基本尺寸

配电箱装饰画的画框尺寸要大于367mm×250mm，画框的厚度必须大于配电箱盖子的厚度外加钟表模块的厚度。除此之外，还要考虑画框的安装方式。注意画框及衬底板材的厚度必须控制在 8mm 以内，以适应固定钟表的螺丝的长度。

调研画框的固定方式，再结合木制画框的造型及尺寸，就可以获得本案例所需设计方案的基本形式。常规的固定方式有螺丝固定、滑轨式固定、无痕钉固定，也可以用设计师自定义的结构进行制作。

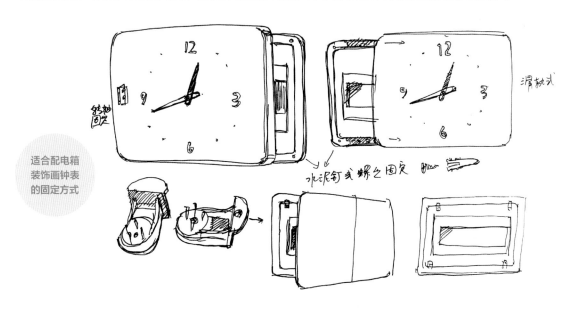

适合配电箱装饰画钟表的固定方式

这次要设计的钟表用于装饰配电箱的面板，应该容易移位或掀开，甚至可以轻松地拿下来并轻松地安装回去。这样既能保证对电源的控制，又能保证更换钟表电池的便捷性。

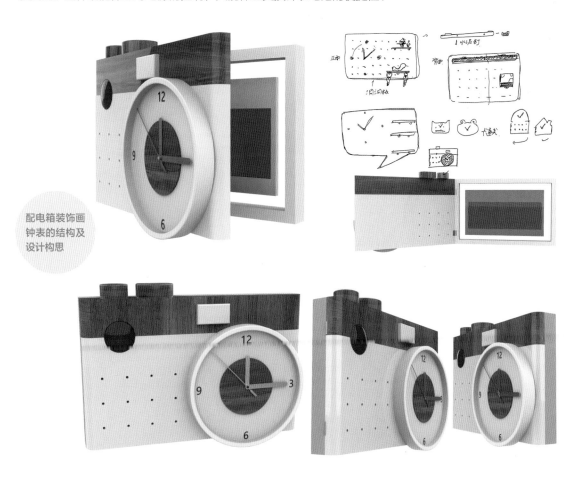

配电箱装饰画钟表的结构及设计构思

钟表的底座面板通过圆木榫及胶水进行粘贴，将不同材质结合形成相机样式的平板；红色弧面圆点通过车床加工而成，并粘贴在底座面板上，形成类似徕卡相机上标志性的红色圆点；相机按键通过车床加工锯切后粘贴合成；对粘贴好的底座面板的两端进行圆角处理；闪光灯的方形木块也粘贴在底座面板上。最为重要的就是钟表模块，这个模块与底座面板的结合可以采用圆木榫的方式固定，其最大的好处是钟表模块可以单独取出，方便后续更换电池，钟表中间的薄胡桃木片装饰件通过胶水粘贴来完成。

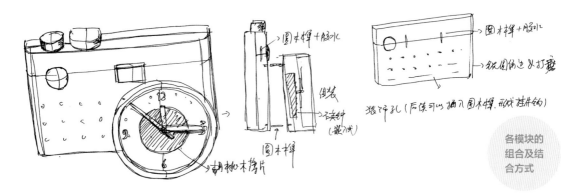

各模块的组合及结合方式

下面是一些行业内成熟的设计方案，供爱好者动手制作。

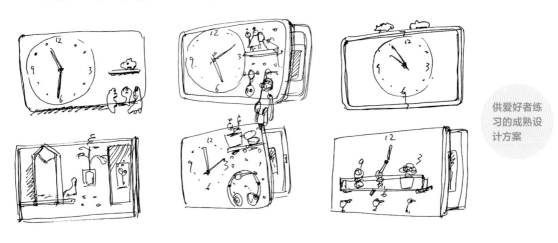

供爱好者练习的成熟设计方案

■ 设计方案二：桌面摆设实木石英钟

桌面摆设实木石英钟是木作爱好者参与度较高的一个实践案例。微木作品牌中，"本来设计"就有很多设计款式，大部分以简洁的现代设计风格为主基调，圆柱体的基本形，外加底部斜切（在保证重心稳定的前提下固定圆柱体），后期用激光雕刻表盘时间刻度，这在项目设计及开发上可以给木作爱好者很多启示。

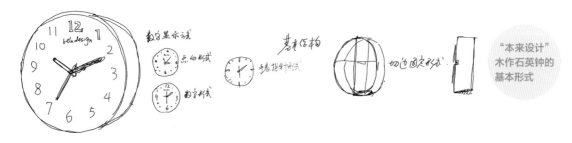

"本来设计"木作石英钟的基本形式

圆柱形木作钟表最大的优势在于快速高效的加工工艺，即产品的大型部分用木工车床加工，石英钟的凹槽通过三轴数控加工完成。木制钟表除了上述圆形样式，还有方形、异形及依附于其他造型基础上的样式。

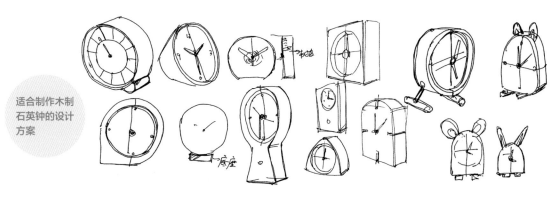

适合制作木制石英钟的设计方案

右图公鸡石英钟设计方案的实现需要设计师掌握各种加工方式。除了数控加工，运用手工加工时，需要掌握各种锯切方式、铲刨方法及修边打磨方法等。接下来笔者试图用自己的理解及加工方法来设计制作。

上面的设计方案主要采用卡通图形的形式，以公鸡形象为主要素材。主体公鸡的轮廓可以通过曲线锯加工。钟表的内凹部分最好使用数控车床加工，以保证石英钟及圆形亚克力片能准确安装。底部的弧形摇摆木块则可以用电动曲线锯加工。公鸡石英钟的背面用同样材质的圆形木板盖住。

以报晓公鸡为基本形式的木作石英钟

公鸡石英钟的背面结构及其他相关方案设想

以树枝为辅助装饰物的木作石英钟

4.2.6 创意儿童相框的设计及制作

创意儿童相框与传统相框的设计及制作有一定的差异性，创意儿童相框着重突出创意性。

常规的儿童相框尺寸为3寸（5.5cm×8.5cm）、5寸（8.9cm×12.7cm）、6寸（10.2cm×15.2cm）、7寸（12.7cm×17.8cm）、8寸（15.2cm×20.3cm）等。

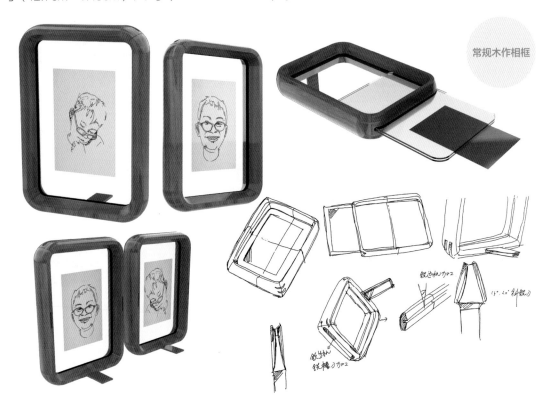

常规木作相框

基于上图的制作方案，我们可以做一些设计延伸。在亚克力插入口设计一些配件，增加这个插卡式儿童相框的趣味性。

在原有插卡式儿童相框的基础上添加配件

下面相框的制作特点在于一体成型，可以用更少的接头或零件来完成相框的制作，且产品造型的自由度能够大大提升。但其缺点是加工速度较慢，总体成本高。

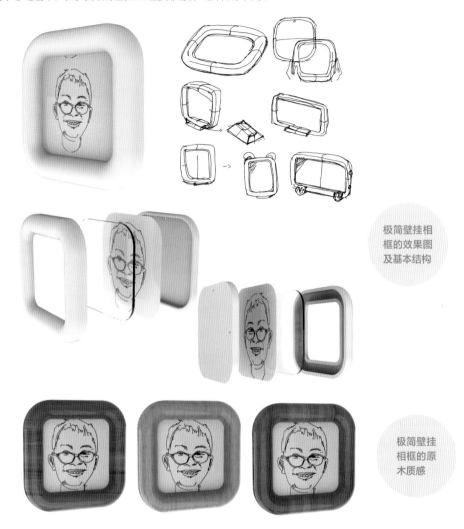

极简壁挂相框的效果图及基本结构

极简壁挂相框的原木质感

三轴数控加工设备的存在，可以让木作相框的造型无限接近塑料制品的造型与结构。与有较大误差的手工加工方式相比，数控加工方式无疑是非常精确的。无论是外框各种弧面造型的加工，还是相应轮廓的亚克力加工，这些都是数控加工的优势。制作下面的相框时，可以将木作结构视作塑料结构设计，只不过木作的壁厚要大于塑料产品的壁厚，相框匹配关系可以参考塑料制品的结构。如果加工中松紧度把握不好，就需要嵌入磁铁或其他辅助结构。

极简直立式儿童相框设计及制作

儿童相框是桌面常见的摆件。根据应用场景，相框可以与迷你风扇、香薰结合，形成具有一定效用的组合设计摆件。因此，笔者将迷你风扇、香薰与相框进行了组合，相框的外框近似木柜，有推拉门，并给迷你风扇模块留出独立的风腔空间。

根据所要实现的功能，我们可以查询相关零部件的尺寸，如迷你风机的扇叶及尺寸规格，迷你马达的尺寸规格与固定方式，风扇控制按钮的固定方式与规格尺寸，锂电池的规格与充电接口，移动门的滑动方式以及尺寸规格，移动门上相框的磁吸亚克力结构，还有供电仓的木作结构等。

柜体整体由四块 45 度切角的木料通过卡槽及木胶水固定。顶部的"山丘"造型可以由数控加工而成，主要作为香薰精油点滴的位置，再者就是在造型上起点缀作用。

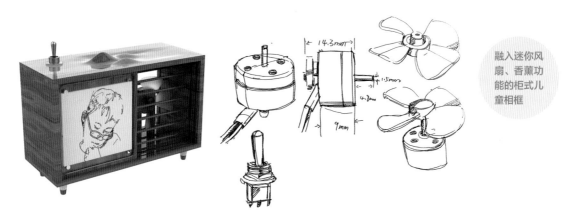

融入迷你风扇、香薰功能的柜式儿童相框

该儿童相框的香薰功能可以通过木料上的精油自然挥发以及迷你风扇吹散传播来实现。

柜式儿童相框的香薰扩散作用

说明：该相框主体的尺寸规格为 13.3cm×7.6cm×5.8cm，要基本满足移动门上亚克力小相框的放置，并留出迷你风扇模块的放置位置。另外，要考虑 USB 充电口的放置位置，这个可以由设计师自己来定义。

多功能的儿童相框可以与 LED 灯结合变成氛围灯；也可以结合音响模块，变成类似天猫精灵类的音箱产品；还可以与音乐盒结合，形成有特定声音的摆设物件。在造型上，如果纯粹考虑用木工数控加工，则可以参考塑料的多元化造型设计。

4.2.7 蘑菇灯的设计及制作

蘑菇造型在灯具中一直都占据着很重要的位置。蘑菇灯大都以氛围灯、床头台灯的形式存在。蘑菇姿态各异，有的细长挺拔，亭亭玉立；有的粗壮均匀，体态健壮；有的矮矮平平，扁头扁脑。其颜色也各不相同，有的一袭白衣，宛若仙女；有的全身素黑，犹如来自黑暗的使者；有的一身幽绿，鬼魅一般；有的色彩斑斓，犹如盛装出行的公主。千姿百态的蘑菇确实是仿生设计的优质对象。

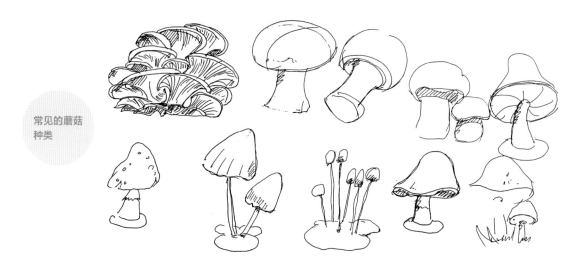

常见的蘑菇种类

灯具行业有很多与蘑菇造型相关的产品，蘑菇可爱圆润的造型受到设计师的钟爱。通过对蘑菇轮廓的速写描摹，很多造型都是对称的，从加工角度上来说，这种造型比较适合工业化生产。

蘑菇灯外观造型

目前有很多其他材质的蘑菇灯，可以通过适当改变尺寸将其加工成木作蘑菇灯具，也可以参考它们的造型及尺寸进行木工加工。制作木作蘑菇灯时，需要准备 LED 灯片、控制按钮、锂电池、USB 接口、亚克力散光片（PC 光扩散板）、配重块（一般为圆铁块）和发泡缓冲底垫等配件。

LED 灯片的选择非常重要，笔者一般选择补光灯的 LED 灯片，其好处在于有配套的开关及 USB 接口，额定电压为 5V，可以直接与机箱、充电宝、手机充电头等相连，非常方便、安全。LED 灯片有圆环形式的，中间有几个小孔，方便用螺丝进行紧固；也有大面积铺满冷暖光 LED 灯珠的，这些尺寸规格基本能满足常规木作蘑菇灯的设计与制作。

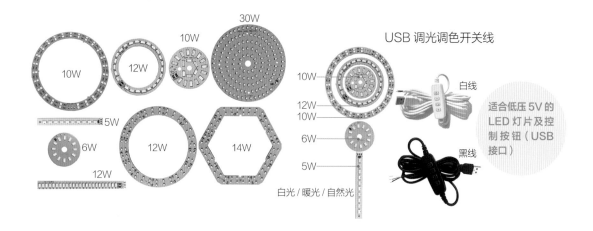

USB 调光调色开关线

10W

12W
10W

6W

5W

白光 / 暖光 / 自然光

白线

黑线

适合低压 5V 的 LED 灯片及控制按钮（USB 接口）

锂电池与 USB 接口（充电口）主要是为了满足充电完毕的蘑菇灯可以自由移动而设定的，带线的蘑菇灯则可以不用使用锂电池。做单个蘑菇灯使用锂电池及接口时，最简单的方式就是购买适合规格的充电宝，将其外壳进行拆卸，后续将其置于合适结构的木作蘑菇灯中。

LED 灯具的散光片是将点光源变成柔和的面光源，这可以使用磨砂亚克力材质。

配重块是否需要，取决于木作蘑菇灯的产品结构；发泡缓冲底垫能有效保护灯的底部，可以购买 3M 背胶发泡缓冲底垫。

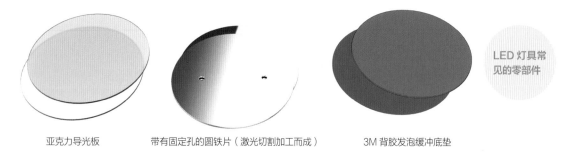

亚克力导光板　　　带有固定孔的圆铁片（激光切割加工而成）　　　3M 背胶发泡缓冲底垫

LED 灯具常见的零部件

了解了蘑菇灯所需的各个零部件后，就能开始设计及制作了。设计前可以先找几款造型不错的灯具作为后续设计及加工的基本参考对象。

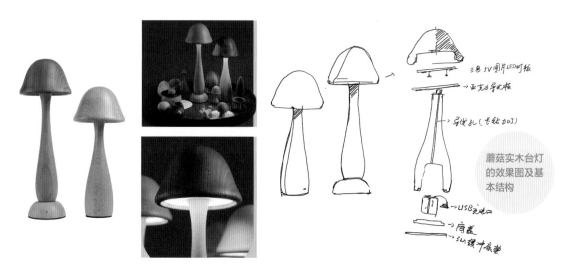

蘑菇实木台灯的效果图及基本结构

类似上图结构的产品，基本由木工车床或数控雕刻机加工而成，是轴对称设计方案。常规来说，这主要考验的是制作者对木工车床的控制能力。对于制作样品，木工车床结合数控雕刻机基本就够了。如果要尝试批量生产，数控车床与数控雕刻就需要完美结合，这样才能保证加工工艺正确展现。

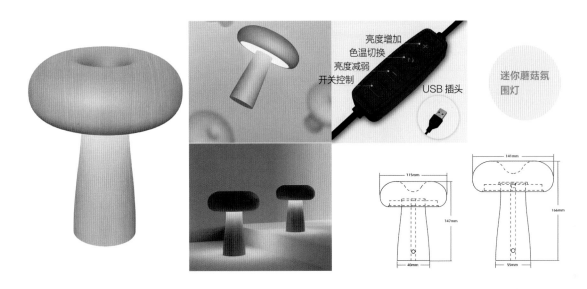

迷你蘑菇氛围灯灯头部的弧线是通过数控雕刻机加工而成的，灯杆部分用木工车床加工而成，中间打孔用长钻头加工而成。灯的尺寸相对较小，稳定性也比较好，这种尺寸基本属于氛围灯的范畴。

下图为一款高杆蘑菇灯，它基本达到常规的照明要求，灯的规格是按照直播灯的参数进行设置的，可以沿用环形 LED 灯板及灯罩。唯一要特别处理的就是在灯的底部加上有一定厚度的配重块，增强稳定性。环形灯的光照范围比较均衡，适用于阅读、书写等环境。

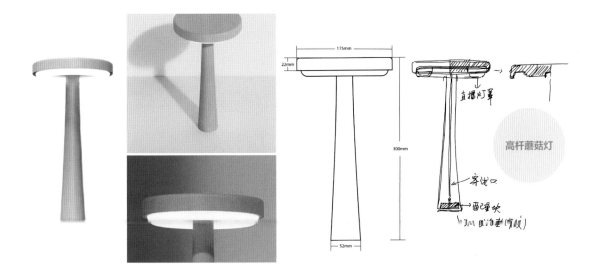

最后，提供其他蘑菇灯方案设想。蘑菇的形状与水母的形状非常相似，这里尝试将两种形态进行结合，形成有一定设计感的拼装成型的照明台灯。

该蘑菇灯的支架可以由单片弧形亚克力片或木片进行组合，形成带弧度的锥形支架。支架由内凹槽圆片进行固定，从而形成虚实对比的蘑菇灯。

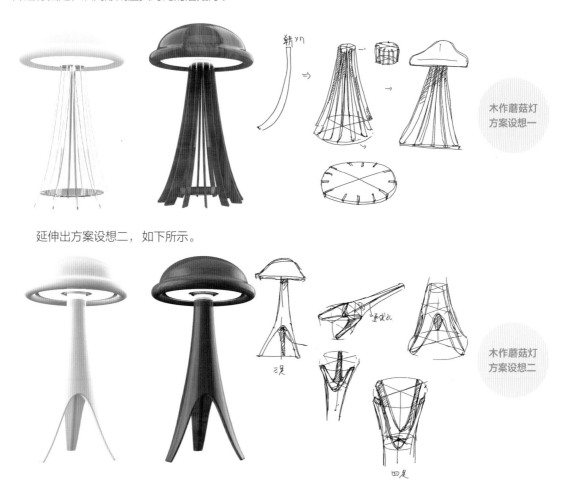

木作蘑菇灯
方案设想一

延伸出方案设想二，如下所示。

木作蘑菇灯
方案设想二

4.2.8 音乐盒的设计与制作

音乐盒是机械发音乐器，其悠扬的乐声，经常勾起人们对美好往事的回忆，使人坠入岁月的追忆中。

设计音乐盒前，先调研现有的机芯结构及种类，再由此展开一系列的分析及想象，呈现合理结构下的设计方案，考虑好制作工艺后完成制作。

音乐盒中
常见的 3
种机芯

① 底部旋转的音乐盒机芯　　② 底部中心转发条旋转的音乐盒机芯　　③ 侧面旋转的音乐盒机芯

除了上面所列的 3 种音乐盒机芯，还有延伸出来的电动旋转机芯、带磁铁旋转的音乐盒机芯及电子音乐盒机芯等。通过查询现有音乐盒相关设计方案，我们可以很容易区分各个音乐盒所用的机芯以及相关的产品结构。另外，音乐盒最佳的播放位置是置于静态桌面或平台上。

不同机芯的
应用场景

① ② ③

上面所列都是制作者可以选用的素材与主题，有的将结构直接显露；有的用木料进行覆盖，与主题遥相呼应；有的仅仅发出悦耳的声音；有的将转动方式与产品的特性结合，使产品性能最大化。接下来笔者呈现一些设计方案，供大家参考。

第一个系列是水果蔬菜造型的音乐盒，它结合使用底部旋转的音乐盒机芯。加工时主要使用木工车床、钻床。叶片模块用毛毡布制作。

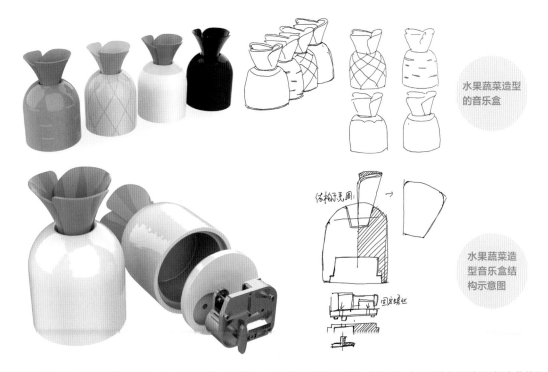

水果蔬菜造型
的音乐盒

水果蔬菜造
型音乐盒结
构示意图

第二个系列可以用动物轮廓作为基本造型，也用底部旋转的音乐盒机芯。加工时主要使用电动曲线锯、木工小型立锯、木工钻床等。制作该音乐盒时，先固定机芯；然后将其与中间掏空适合机芯容腔的木料粘贴牢固，将机芯封闭在内部；最后处理外轮廓及整体造型细节。

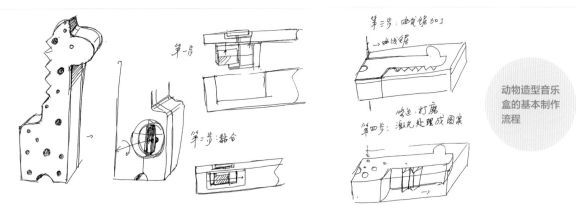

上图的音乐盒机芯可以用于各种图形。只要制作者喜欢，就可以根据木料的尺寸、轮廓及厚度用电动曲线锯锯出各种各样的图形。

犀牛音乐盒的外观及基本结构

接下来我们使用底部中心转发条旋转的机芯制作音乐盒。与上面机芯的旋转结构不同，这里使用的机芯属于同心旋转，因此常用于直立状态下的旋转发声。

火箭主题的音乐盒

直升机主题音乐盒

音乐盒的形式可以多种多样，接下来我们着重探讨相对复杂的带场景主题的旋转音乐盒，即有较多零部件在同一平面上且有部分能围绕中心旋转的音乐盒。

机芯的几种
驱动方式

市面上常见的机芯有手动的也有电动的，无论哪一种，制作者可根据自己的需求来尝试制作。下面选用电动带磁铁的音乐盒机芯来制作。

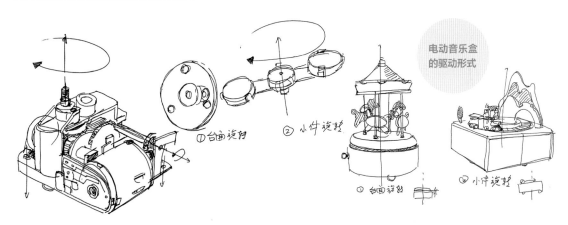

电动音乐盒
的驱动形式

电动音乐盒机芯的驱动电源可以是电池，也可以是带充电口的锂电池，这种机芯最大的好处在于音乐可以循环播放。可拆卸的驱动平台可以是台面驱动的，也可以是磁铁平台，两种方式形成了不同结构场景的旋转音乐盒。

带平台的电动机芯音乐盒的外形种类多样，下面笔者尝试制作了校园主题的旋转平台音乐盒。

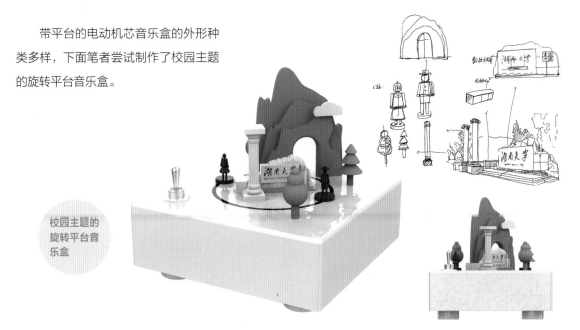

校园主题的
旋转平台音
乐盒

4.2.9 木屋音响的设计及制作

　　本案例的目标对象是木屋音响。一想到木作音响，估计大家就会想到猫王音响的木作复古收音机，它是以木外壳作为音响材料，通过机械加工（数控雕刻）批量生产且十分成功地代替原有的塑料或金属外壳的品牌，复兴了没落的传统收音机行业。它的音源可以来自手机，也可以来自 U 盘，还可以播放相关 App（如喜马拉雅）的声音，成为很多人的心头好。

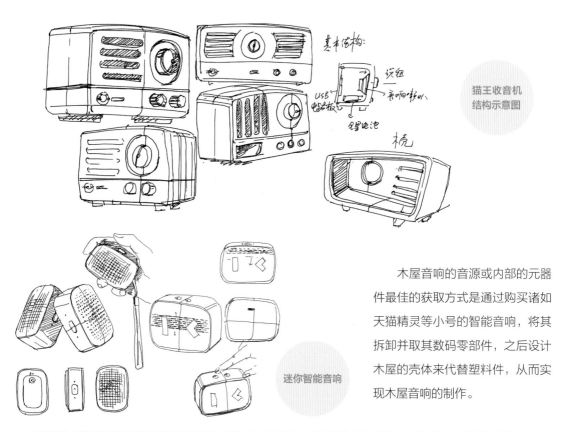

猫王收音机
结构示意图

迷你智能音响

　　木屋音响的音源或内部的元器件最佳的获取方式是通过购买诸如天猫精灵等小号的智能音响，将其拆卸并取其数码零部件，之后设计木屋的壳体来代替塑料件，从而实现木屋音响的制作。

　　智能音响的零部件拆卸需要用到精修用的十字螺丝刀。智能音响与传统音响相比，其结构更为复杂，为了防止螺丝型号混乱及安装错误，在拆卸的过程中最好用手机拍照记录，并保存好元器件。有的元器件需要用电烙铁拆分，拆分前也最好拍照记录。以上所有的工作都是为了后续在木作壳体上的安装还原打基础。

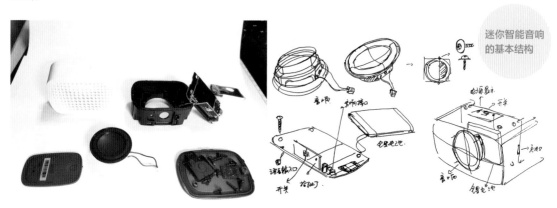

迷你智能音响
的基本结构

设计及制作木作智能音响时，要先了解拆解对象的零部件的组成及安装位置和方法。安装元器件时需要注意以下 3 点。

第 1 点，喇叭的固定方式。智能音响里的固定方式是用宽十字螺帽的方式进行边缘固定，与木作外壳结合的过程也可以沿用这种螺帽，在合适的位置先钻小孔，方便螺帽固定。

第 2 点，电路板的固定方式。固定电路板时可以参考原有的方式，用螺丝固定电路板 4 个角的空位。相比塑料壳的结构，木制外壳制作难度较高的是按键的处理及 USB 孔的位置对位等细节问题。对于语音输入控制的小喇叭，将其置于合适的孔位即可。

第 3 点，锂电池的安放位置。相比塑料壳的紧凑、严谨，木制外壳的尺寸可以适度放大，那么锂电池的放置空间则会更大。

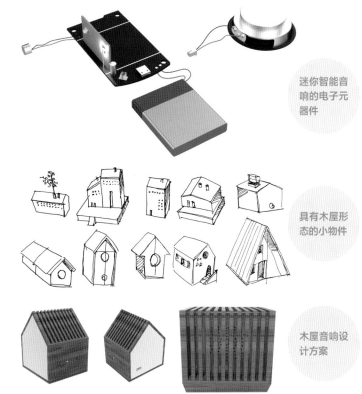

这里用到的量具为游标卡尺，内部结构的最佳加工方式是用三轴雕刻机加工。本案例首要解决的问题是造型，其次是合理的结构设计。

接下来将智能音响的元器件进行三维建模，这么做的好处在于后期可尽量减少装配误差，并在建模的过程中可以尝试各种结构及各种装配组合。

为了符合主题的设计要求，笔者找了一些符合此次木屋音响造型的木作小屋。将木作小屋与智能音响的电子元器件结合，思考它们可能的安装方式。

迷你智能音响的电子元器件

具有木屋形态的小物件

木屋音响设计方案

方案中的木屋由板材加工而成，屋顶的格栅最好通过三轴雕刻机加工而成。产品的内部结构在安装时需要注意音响的安装方式和控制电路板的安装方式。

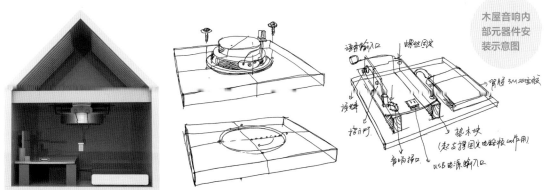

木屋音响内部元器件安装示意图

在装配木屋外壳时，为了让外观显得整齐、简洁，尽量不用穿透的榫卯结构。这里用小圆木棍插接榫卯结构，其主要的作用是对位定位，防止木屋在用木胶水拼接的过程中产生错位。在最终的装配上，需要提前考虑好元器件的安装顺序。

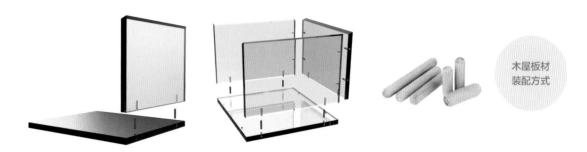

木屋板材装配方式

木屋音响在制作按键时需要注意，原音响的按键是通过硅胶来实现的，这里最好使用塑料材质，这样可以避免产生热胀冷缩的问题。

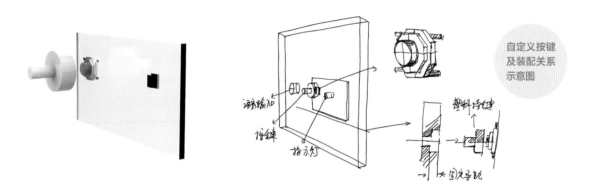

自定义按键及装配关系示意图

木屋音响是典型的木制品与电子产品结合的案例，涉及电路板、锂电池及电子产品输出模块。在设计外观之前要先考虑电子产品的用途、尺寸、安装孔位及可能的安装方式，后续要考虑木制品的外观及加工方式。

与此同时，还要考虑音响的音响孔怎么加工。所有的设计必须基于已有的设备。音响孔最小的孔径与最小的钻头必须匹配，形状也是如此。如果音响孔是圆孔，则可以用钻头或数控铣刀加工；如果是异形的，则要基于数控铣刀的加工特点进行加工。

最后，按照木屋的轮廓进行拓展再设计。下面为设计构想参考图。

带传统窗格的木屋智能音响

4.2.10 U 盘的设计及制作

设计 U 盘之前要先了解当下 U 盘的主要构造、尺寸、装配方式等。

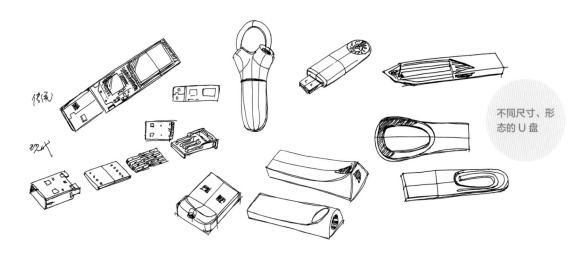

不同尺寸、形态的 U 盘

传统的 U 盘由于芯片等问题，外形基本上是长条形式的，大多是塑料件上下合模而成的。由于技术的发展，U 盘产品趋向多样化，金属、木料、硅胶等也开始成为 U 盘制造的材料。浓缩的 U 盘芯片变成扁薄或近似 USB 插口尺寸。"嵌入式"装配成为 U 盘加工的一个主要方向，这种加工方式对于木作制造来说非常友好，只要开好合适的方孔，然后用胶固定即可，其制作工艺简单了很多。

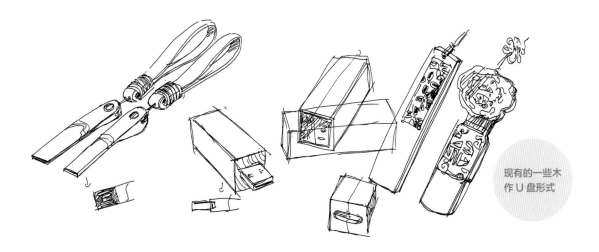

现有的一些木作 U 盘形式

木作 U 盘在造型及设计上非常容易展现出传统文化意向。一些企业经常将木作 U 盘作为企业文化礼品，这些木作 U 盘往往采用高密度的红木材质，而这些小尺寸木材则往往是红木家具厂板材边角料的极佳去处。

边角料红木除了直接被切割及后续数控加工成型，还可以作为具有装饰性的复合材料，即把红木边角料与树脂进行固化，形成有虚实对比的材料。树脂里可以嵌入小型的装饰物，之后可按照原有红木 U 盘的加工方式来制作有创意的 U 盘。

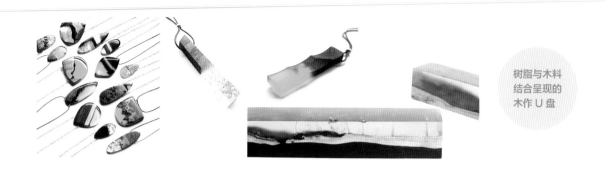

树脂与木料
结合呈现的
木作 U 盘

树脂与木料结合的常规做法是将混合好的树脂倒入有一定形状的内凹腔体，与腔体里放置的木料进行混合，等干燥后就可以进行后续的加工了。

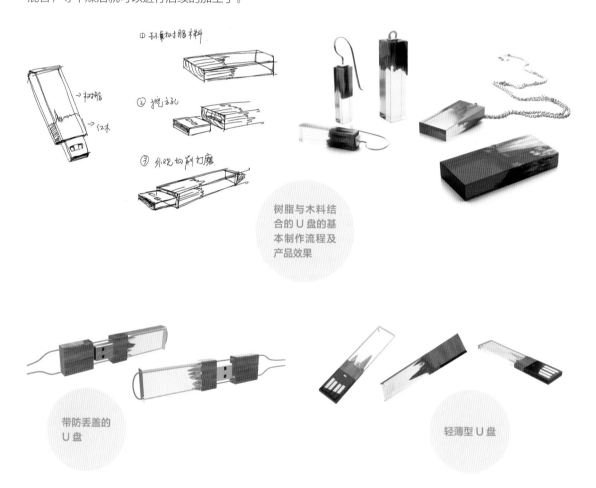

树脂与木料结合的 U 盘的基本制作流程及产品效果

带防丢盖的
U 盘

轻薄型 U 盘

4.2.11 电脑增高架的设计及制作

电脑增高架主要解决的是显示器高度较低的问题，既照顾工作者办公时电脑作业的合理性视野，又有降低颈椎疲劳度等功能，并兼具桌面收纳功能。其材料有木料、金属、塑料或复合材料等。这几年，该产品的功能与样式翻新的速度颇快，从常规设计及制造的角度来看，木料比较适合制造该产品。

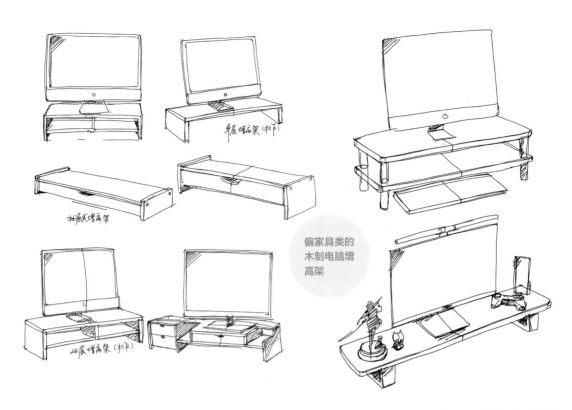

偏家具类的
木制电脑增
高架

电脑增高架在一段时间的商业开发和使用后，进行了升级改造，融入了 USB 接口、无线充电、蓝牙智能音响、氛围灯等，并使储存空间多元化。

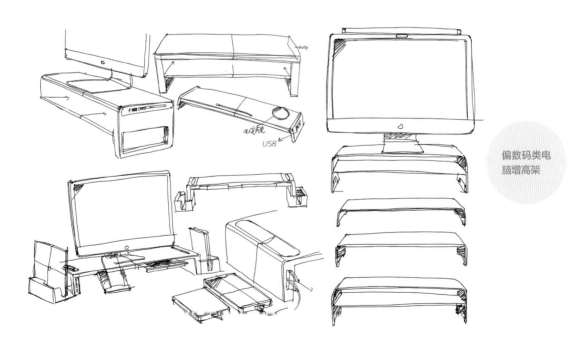

偏数码类电
脑增高架

电脑增高架在某种程度上代替了万向显示器支架臂，其储纳功能可以让办公桌面更加整洁，单层增高架的尺寸规格大致为 50cm×20cm×8.3cm，双层为 50cm×20cm×13cm，设计师或制作者可以根据实际桌面尺寸与身高来进行调整。

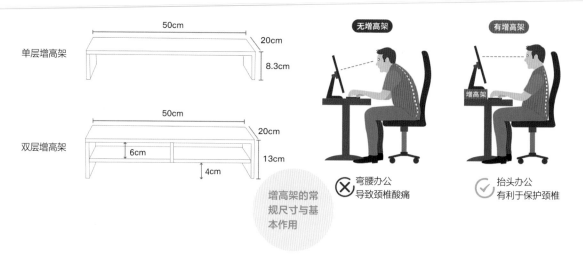

单层增高架 50cm 20cm 8.3cm

双层增高架 50cm 20cm 6cm 13cm 4cm

增高架的常规尺寸与基本作用

无增高架 有增高架

增高架

弯腰办公
导致颈椎酸痛

抬头办公
有利于保护颈椎

从木作增高架的装配上来说，大致有传统的榫卯结构、圆木榫结合木胶水、特种螺丝打孔固定等装配方式。如果考虑商业化生产销售，那么可拆卸结构的板材包装运输就是项目的关键点。组装结构除了榫卯结构及专用紧固螺丝，也可以借鉴非标的设计结构。

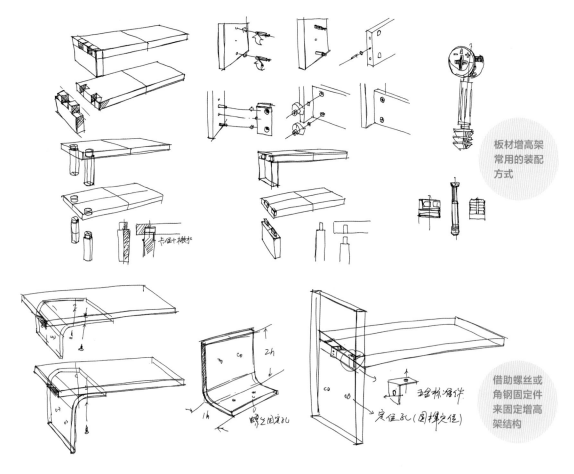

板材增高架常用的装配方式

卡位+横材

借助螺丝或角钢固定件来固定增高架结构

定位孔(圆棒定位)

在设计制作前，先了解承载木料的尺寸规格，这个可以查询现成的木料板材。如果可以直接使用现成的木料板材制作样品则更经济实惠。

在增高架的设计过程中，笔者尝试用斗拱榫卯结合圆木榫辅助固定的方式来开发电脑增高架。

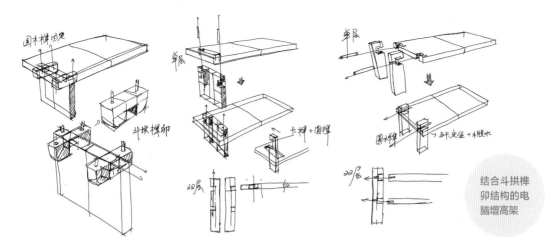

结合斗拱榫卯结构的电脑增高架

单层增高架的处理方式如上图所示。注意，双层增高架在固定第二层的支撑结构时，可以将金属角钢螺丝固定方式变成圆木榫支撑固定方式。板材与板材之间的互卡支撑结合榫卯结构是本案例开发的重点。

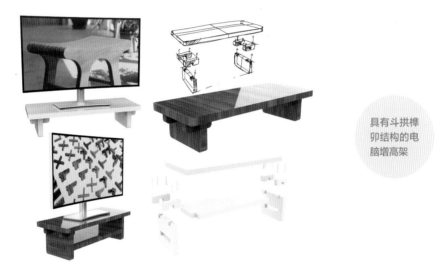

具有斗拱榫卯结构的电脑增高架

设计偏商业批量制造的增高架时，必须考虑标准化，这里的标准化是指偏差较少的零部件加工、标准合理的组装方式以及后续的产品包装。但对个体设计师而言，个性化制作则无须考虑那么周全，独特实用且设计具有一定系统性的增高架才是首要目标。

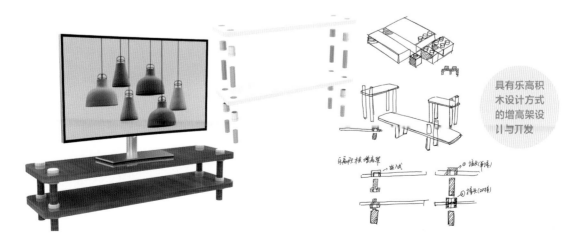

具有乐高积木设计方式的增高架设计与开发

4.2.12 无线充电器的设计及制作

手机无线充电技术源于无线电力输送技术，可以实现电能的高效传输。

无线充电器
的基本形式

设计木作无线充电器时，首先要了解市面上能买到的无线充电元器件的规格及功率，以便后续逐步展开设计。现在市面上的线圈功率基本被限制在 50W 以内，比较标准的无线充电器的供电功率是 10W。

手机无线充电器的核心部件

产品特点
1. 过流保护：输出电流超过 1.6A 时保护
2. 过压保护：输入电压超过 10V 时保护
3. 金属异物检测

接下来先了解现有的手机无线充电器的基本形式和结构，以便为无线充电器后续的设计奠定基础。除了常规圆形或方形的桌面式充电器，还有作为支架的斜角无线充电器，以及复合式的无线充电器等，这些都是手机无线充电器在商业与实际应用领域的开发方向。

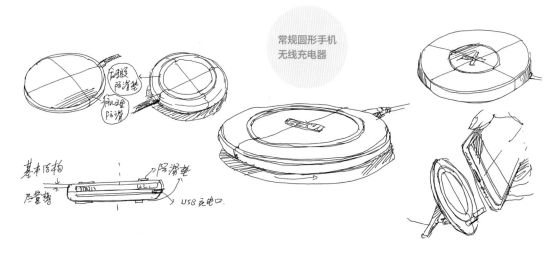

常规圆形手机
无线充电器

无线充电器发射和接收能量的线圈距离要在 8mm 以内，因此在设计木作无线充电器的过程中，线圈一面的木作的壁厚与防滑垫加起来的厚度要在 8mm 以内。如果纯粹练习则无所谓；如果批量商业化生产，则要对这个厚度进行实验，以取得合适的尺寸及厚度。

　　木作无线充电器在制作时，除了要控制壁厚，还要注意使用合适的合模方式。合模的常见方式有：①上下合模方式，这个也是塑料件合模的基本样式；②覆盖式合模方式，其最大的好处是下盖加工方便；③封顶式合模，这个与覆盖式合模方式刚好相反，但其最大的好处也是加工方便，如果顶盖用亚克力等非金属材料，可以喷绘进行个性化定制；④夹心饼干式合模，其最大的优点在于用进深掩盖分模线，且能让产品造型偏向曲奇饼干等造型。

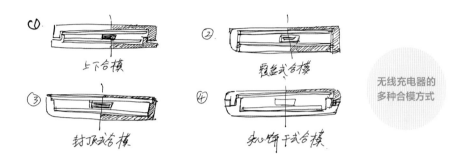

无线充电器的多种合模方式

　　常规来说，木作无线充电器的结构相对比较简单，可以直接用木胶水将上下盖及元器件进行封装，也可以用穿插螺丝的方式固定。下面先尝试简单的桌面水平式摆放的木作无线充电器的设计与制作。

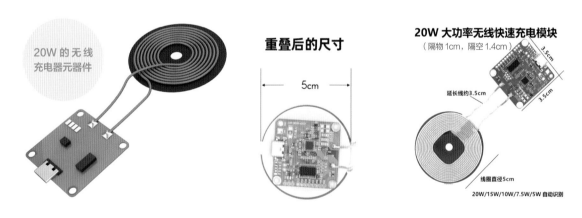

20W 的无线充电器元器件

重叠后的尺寸

5cm

20W 大功率无线快速充电模块
（隔物 1cm，隔空 1.4cm）

3.5cm

延长线约 3.5cm

3.5cm

线圈直径 5cm

20W/15W/10W/7.5W/5W 自动识别

　　无线充电器线圈的直径为 5cm，电路板的边长约为 3.5cm，市面上无线充电器的整机直径在 10cm 上下。因此，木作无线充电器有较大的余量来放置电路板与线圈。下面开始设计产品的外形与结构。

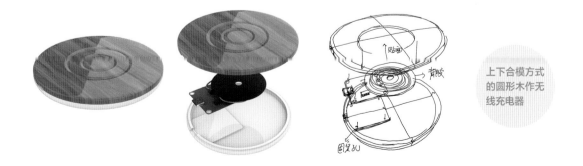

上下合模方式的圆形木作无线充电器

上面设计方案较难处理的是 USB 充电口的细节。用这种电路板最佳的形态应该是偏方形的造型，直线边缘会比弧线边缘更容易处理与加工。

下面两种无线充电器的设想基本满足常规的设计需求，而且在加工制作上属于常规难度。需要注意以下两点：一个是无线充电线圈的固定方式；另一个是电路板的固定方式与 USB 充电口位置的合理性。

封顶式合模木作无线充电器

顶面做 UV 彩色喷绘的无线充电器

接下来我们尝试设计兼顾斜面手机支架功能的无线充电器。通过市场调研，笔者找到了一个国内自主研发的无线充电器。它是一个可以单独使用的无线充电器，同时可以置于匹配的手机支架上，从而完成适合手机横竖屏放置的无线充电器。

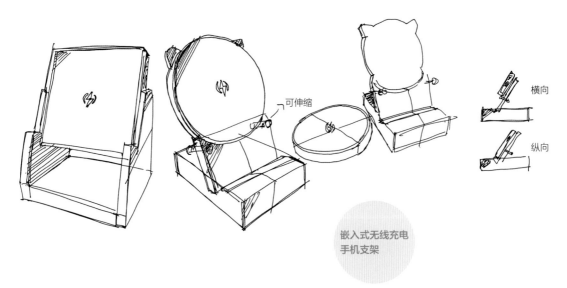

可伸缩

横向

纵向

嵌入式无线充电手机支架

上图很好地实现了产品的差异化。笔者通过反复思考，觉得类似画框或手机套支架式的无线充电器同样能实现该功能，且造型一体化，更为简洁。该无线充电器的基本型与手机相似，其后面有可以调节角度的支撑结构，正面有适合手机横屏竖屏放置的翻转搁挡。

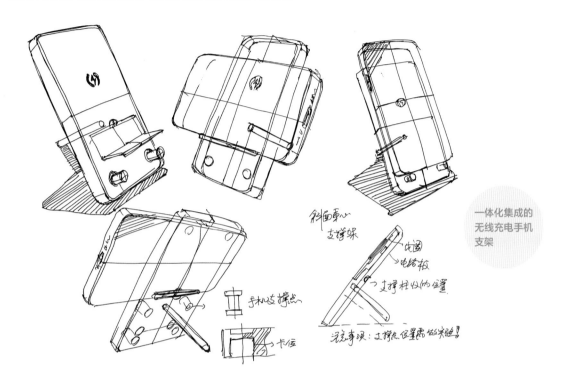

一体化集成的
无线充电手机
支架

上图中的产品能确定的是无线充电器的基本结构框架与使用方式。支撑点的设计还不能确定，这主要是因为孔位及支撑杆的长短需要设计师测试产品的重心稳定后才能确定，毕竟稳定的重心涉及后续加工的位置、钻孔的角度等细节。

各种应用场景
示意图

4.2.13 台灯的设计及制作

这里的木作台灯主要是指具有转轴的可以调节位置及光线明暗的台灯，属于微木作中有一定难度的设计制作。它不仅有许多零部件需要三轴雕刻成型，而且涉及 LED 灯等元器件的装配，特别是木作台灯转轴模块的设计与制作。

先对现有的专业台灯做市场调研，分析零部件的结构，再看后续如何用木料合理地代替，从而逐步打造出尽可能是全木制外壳的 LED 台灯。

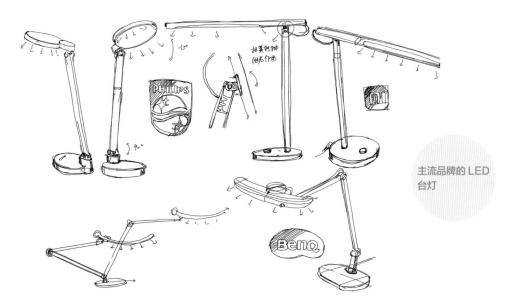

主流品牌的 LED 台灯

通过市场调研可知，知名品牌的 LED 光源大致以圆形或方形为主的面光源照明、以线性排列为主的 LED 线性光源、以弧面造型发光更加均匀的面或线光源。LED 台灯的光源控制有触摸开关（热敏开关）、复合多功能操作的旋钮开关、结合传感器的高端旋钮控制开关等。LED 台灯的转轴有以阻尼扭簧转轴内置的形式，可以保留产品整洁的外观；还有旋钮紧固式转轴及紧固式万向圆头转轴。

接下来调研现有的木作台灯的外观、转轴形式、控制开关和材料搭配等，并尝试分析其优缺点，以期后续设计中可以扬长避短。

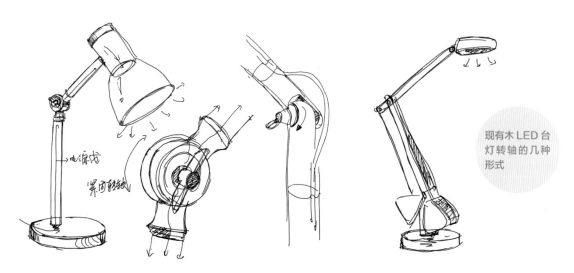

现有木 LED 台灯转轴的几种形式

在 LED 台灯中，翻转感觉最好的还是基于阻尼转轴的台灯，它可以轻松地被控制且能稳定地停留在转轴允许的角度范围内。目前常见木作台灯所用的是螺纹拧紧的固定方式。

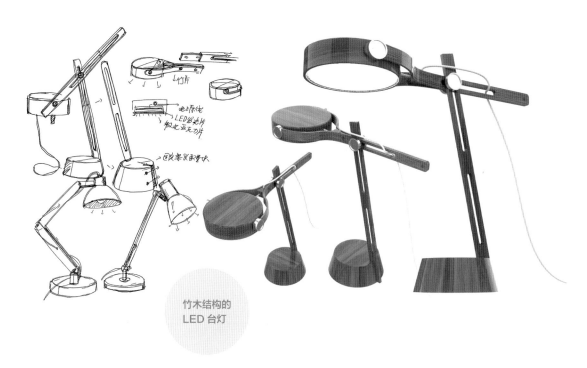

竹木结构的
LED 台灯

笔者在设计开发 LED 台灯的过程中，对现有的转轴做了一些实验。最终确定用近似小米台灯的阻尼转轴来进行再设计，制作了特定的符合台灯装配的创新转轴结构，后被证明效果理想并申请到了相关专利。

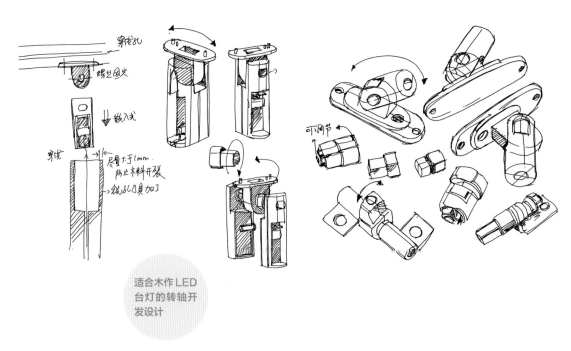

适合木作 LED
台灯的转轴开
发设计

上图中，笔者与设计团队开发的转轴是通过 3D 打印来实现的。其最大的特点是将常规的阻尼转轴置于塑料件中进行固定，上半部分可以用螺丝将其固定在灯杆木料上，下半部分嵌入镗好孔的支撑灯杆上，其中较长的孔深保证灯杆在翻转过程中木料不易开裂，大大提升了产品的耐用性。

制作台灯除了合适的木料、转轴、灯罩，最主要的是产品的元器件，它包括 LED 灯带、电源线、控制电路、配重块及保护底垫等。对于常规木作爱好者而言，这些元器件的获取最好是对一些现有合适款式的台灯进行购买并拆卸，这种元器件成熟度极高，因此"拿来主义"在这里还是非常合适的。

本案例中，底座的控制电路也是一个难点，这里用了热敏触摸开关，要求上壁厚 1mm~1.5mm，螺丝柱的壁厚在允许的情况下尽可能大一些，通常可以定义为塑料螺丝柱的两倍及以上。剩下的就是要考虑其装配过程，主要就是灯杆的穿线操作。

木作照明灯杆的加工方式

应用了特制转轴的 LED 台灯

近似塑料件结构的木制底座（三轴数控加工）

小米款式的木作台灯加工示意图

项目案例中，木作 LED 台灯属于难度较高的木作，它的难点不仅在于对电路的认识、拆卸组装，还在于如何整体把控，确保设定的方案能被加工出来，且具有近似的实际使用效果。如果制作者试图批量制作类似的台灯，则需要考虑控制电路的开发、转轴的加工制造等，这比纯粹做一个样品的难度大。

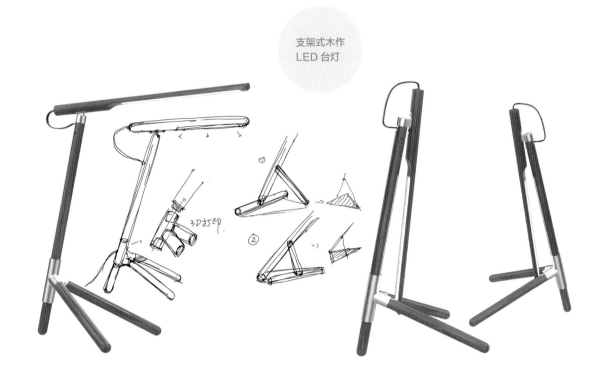

支架式木作 LED 台灯

4.2.14 机巧盒的设计及制作

机巧盒近几年广受欢迎，机巧盒有非常悠久的历史。"机巧"的机关是基于十几种元件制作而成的，如杠杆、曲柄、齿轮、棘轮等。设计制作时，要知道怎么运用它们，而且不一定是越复杂越好。

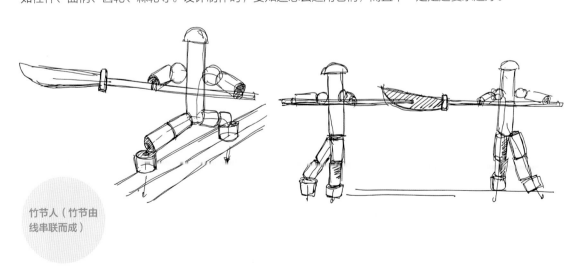

竹节人（竹节由线串联而成）

早期的先贤创造出了很多巧夺天工的机械，后人不断地在他们的作品及思想的基础上迭代。留存至今的达·芬奇手稿，给后人关于木作机巧盒无穷的想象力。特别是用木料作为传动结构材料的方式，直接影响了后来的很多经典的机械结构设计。农耕用的水车（高低位的水源运输）、风车（用于区分谷粒与谷壳）、风箱（炊具或铁匠冶炉配合送风的装置）、磨盘碾米、压榨机、捣米机等都算是机巧盒，纺织类的木作器具也属于这个范畴。古代军事用具中，木牛流马、攻城车、抛弹车、连击弩等也是机巧盒的典型代表。

民间的小玩具，那些"耍货"，如一块木板摇晃一些小鸡在啄米的玩具，其实它们都有类似的、很简单的机械结构。

儿童木作小鸡
啄米效果图

中国传统手艺中，皮影戏通过重力用细绳控制皮影零部件来达到演出的目的；木作机巧盒则用各种传动方式来控制各零部件，以实现合理的动作。两者异曲同工，唯一不同的是皮影戏需要靠演出者的手指控制，可以有一定的随机性，而机巧盒的控制则在盒子中设定好传动动作，按部就班运转。

马特·史密斯（Matt Smith）是一位资深的自动装置制作家，他从 15 岁开始学习制作机械玩偶，一直坚持到现在。1986 年 6 月，马特·史密斯与保罗·斯普钠（Paul Spooner）合作，创建了 Fourteen Balls Toy Co.（十四球玩具公司）。保罗设计了大部分的自动机，马特则负责制作生产这些玩具，其间马特也在设计自己的作品。马特·史密斯的作品，机械结构复杂，木偶制作精良，涂装细腻，对细小零件的加工娴熟，而且他的很多作品不是简单地模拟动作，而是持续连贯地表演一个故事。这都是在全部纯手工制作的前提下完成的，这个水平在世界范围内都是顶级的。

行业先驱自动装置制作家马特·史密斯的作品

日本自动装置艺术家原田和明于 2002 年受西田明夫"会动的玩具 AUTOMATA"的影响，开始一边上班一边从事自动人偶的创作，自此踏入自动装置艺术的世界。后师从马特·史密斯，奠定了他在这个细分行业手艺人领导者的地位。

原田和明的
部分作品

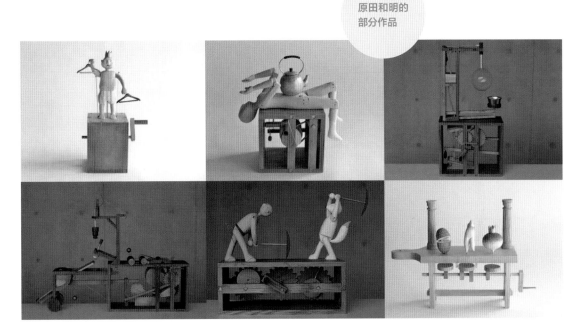

近几年，国内年轻的机巧装置艺术家、雕刻家俞宸睿将达·芬奇设计手稿里的木作结构融入机巧装置中，其作品细腻、丰富，充满幽默与哲思，具有很强的艺术性及工艺性。此外，李占龙与他的木机山工作室也在该行业中崭露头角。

俞宸睿的木作
机巧装置

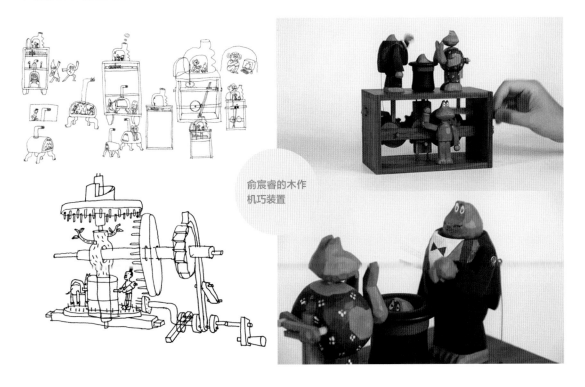

机巧盒设计开发最考验的是场景设定与动作设定，而动作的设定则需要对传动结构非常了解，甚至精通。

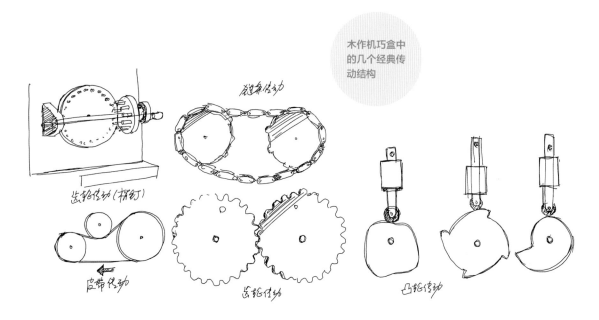

木作机巧盒中的几个经典传动结构

　　下面的设计案例中，选用曲轴连杆传动结构，设计的主题为"小猫钓鱼"。小猫持鱼竿一侧的手臂与脚部可以按一定幅度转动，传动连接杆的一端或两端需要留有余量的传动孔，这样就能满足曲轴的最大位移与最小位移，不至于在转动的过程中因为距离的误差而卡壳。鱼竿的前端悬挂磁铁，鱼可以是内置磁铁的木鱼，也可以是金属铁做的小鱼，鱼的底部与木盆底座用线相连，因此钓鱼的动作是鱼起鱼落的往复动作，算是对钓鱼的一个侧面描写。

"小猫钓鱼"主题的机巧装置设计

衍生设计

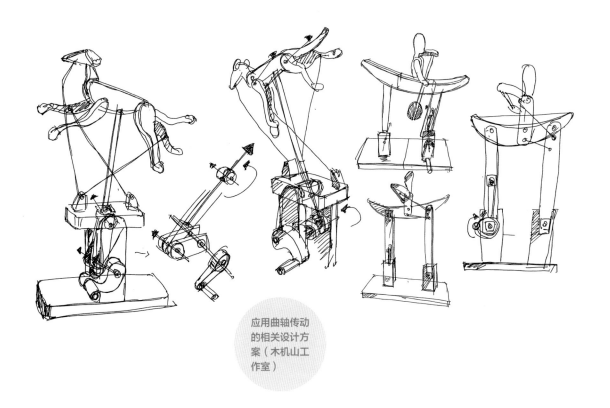

应用曲轴传动
的相关设计方
案（木机山工
作室）

接下来我们尝试木框架盒子的设计制作。盒子大致由 4 块合适的木料通过燕尾榫结构连接，中间横亘作为驱动的圆木棍，盒子外的一头为旋转手柄，盒子里的天地则由各种合适的机械结构来实现盒子上连杆的动作，如实现一上一下、卡顿式旋转、鱼尾式往复摆动等动作。

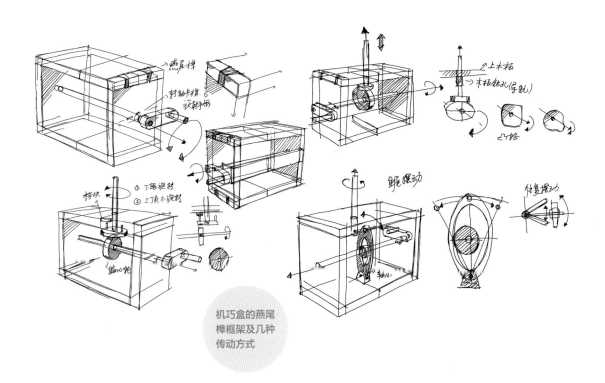

机巧盒的燕尾
榫框架及几种
传动方式

下面我们来尝试开发制作主题为"游来游去的鱼儿"的机巧盒。该设计融合一上一下、卡顿式旋转、鱼尾式往复摆动 3 种动作方式,参考了俞宸睿对鱼儿木机盒的设计方案。

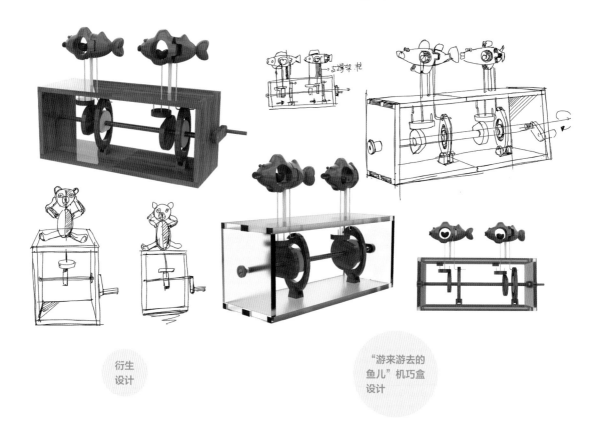

衍生
设计

"游来游去的
鱼儿"机巧盒
设计

以上两个设计案例基本上是机巧盒的入门案例。大家可以从前辈的作品中发现更多的动作传动设计;也可以从机械设计传动的原理出发,开发出具有特点的结构。机巧盒的设计可以从一层发展成两层,乃至多层;主传动轴可以从一根发展成两根,甚至多根;驱动的动力方式可以从手动变成电动舵机驱动,也可以结合音乐盒或其他电子元器件,发展出多元化的机巧盒。

4.2.15 迷你风扇的拆分与再设计及制作

迷你风扇可以调节风力的强弱,外观小巧可爱,做功精致,电池容量大,可以连续使用几个小时,结实耐用,噪声小。

经市场调研后发现,迷你风扇大致可以分为立式的与便携穿戴式的,风机分别采用轴流风机与涡轮风机。

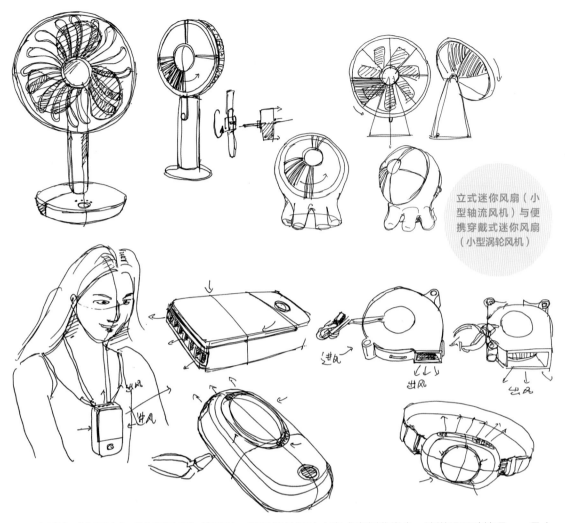

立式迷你风扇（小型轴流风机）与便携穿戴式迷你风扇（小型涡轮风机）

在搜索"木风扇""木制风扇"等词时，发现相关设计方案或案例非常少。这说明两种情况：一是木料不适合风扇的制作或业内根本没有将加工成本较高的木料作为风扇的使用材料；二是对于现代木作设计师来说，木制风扇研究的空间很大，如果找到合适的方法与路径，则对后来人会有一些设计启发。

防护罩常用材料

木料在三轴雕刻机加工中出现的问题

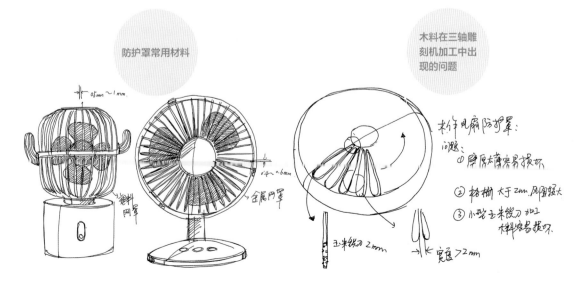

笔者与设计师在具体实践过程中发现，木作的迷你风扇防护罩存在几个矛盾点：一是木作的格栅不能太窄太薄，否则仅加工过程就很容易损坏（木纹的纹理决定了结果），失去了防护的意义；二是如果格栅过宽过厚，则会形成很大的风阻，失去良好通风的意义。因此如果要使用适合轴流风机的传统风扇的防护罩，则必须另谋他法。

目前迷你风扇的防护罩要么是塑料的，要么是金属材质的，木作风扇的制作除了与上述两种材料搭配，还可以采用与竹材料的复合应用。竹子在这里的应用可以参考鸟笼的应用方式，也可以用竹片作为防护格栅与木作外框结合，从而达到降低风阻与防护的双重功效。

经查询及试用，鸟笼用的楠竹竹料很适合与木料结合制作风扇外罩。楠竹竹料的直径为 1.5mm~7mm，其优点在于可以后期烘烤定型，在制作过程中可以适度弯曲变形。

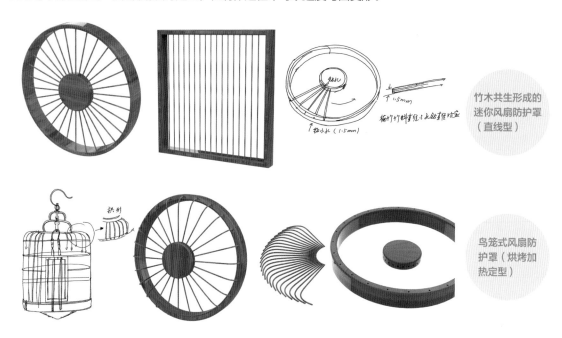

竹木共生形成的迷你风扇防护罩（直线型）

鸟笼式风扇防护罩（烘烤加热定型）

木作迷你风扇的电子元器件及扇叶等可通过拆卸购买的现成迷你风扇获得，元器件主要包括小型电机、锂电池、开关及充电电路。使用的零部件也可以按需购买。

在设计环节，笔者采用了传统的风扇形式进行设计开发。转轴模块采用特制的阻尼转轴，提升了产品风叶转向的顺畅感；风扇底座要根据购买的零部件来加工。

采用阻尼转轴的传统竹木迷你风扇外观效果图

上面设计制作的木作风扇证明了竹木结合能很好地解决风扇防护罩问题。接下来熟知风扇各个元器件、风扇防护罩加工工艺、特制阻尼转轴的制作及电路板的装配，就基本完成了木作迷你风扇的开发。

下面示范的案例以小狗木作风扇为主要载体，将风扇与其方形的头部结合。小狗木作风扇的零部件可以适度调整及旋转，从而变成具有一定实用性的摆件作品。

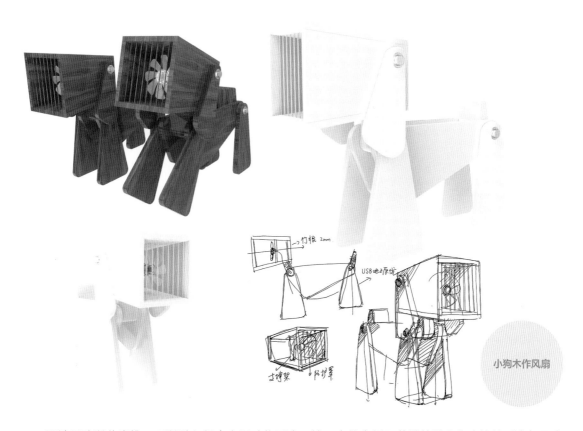

小狗木作风扇

设计思路以此类推，可以融入很多卡通动物形态。接下来的案例示范继续以木作小狗的形态与风扇进行结合，这里用圆柱作为小狗的头部造型，其他可以依据自己的设想进行延伸。

机器狗造型
的木作风扇
示意图

4.2.16 微景观的设计与制作

微景观是将苔藓、多肉等植物，加上各种篱笆、沙石、可爱的卡通人物、动物等装进一个容器中，构成妙趣横生的场景。绿植及微景观现在已经成为很多乡村振兴的优质项目，也是互联网销售中有较大体量的文创产品。笔者与设计团队刚好有机会接触微景观的容器制作，在这里一边分享案例一边交流具体的设计制作。

目前的微景观中，很多产品容器是水泥、陶瓷、石、玻璃、亚克力及金属材质的，少部分是木质的，不同材质的容器可以呈现不同的造型。

近几年水泥容器的微景观成了文创的一大方向。水泥容器主要通过特定的水泥与沙石配比进行硅胶翻模制造，这种设计风格深受日本建筑大师安藤忠雄清水风格的影响，这种水泥产品常被称为清水水泥产品，其主要特点在于厚壁及外表面不加修饰的水泥质感，简单、平静且沉稳。

目前水泥容器的微景观产品

陶与瓷是微景观产品中出现频次较高的材质。陶是无釉质感的，相对朴素；而瓷则表面光滑整洁。陶瓷的容器有手工艺制作的，也有工业化翻模实现的，通常壁厚比水泥制品薄。陶瓷容器的造型多样，有常规瓶、罐容器，也有托盘式的，还有很多偏向雕塑的容器造型。

造型多元化的陶瓷微景观

通过对不同材质微景观容器的调研可以发现，玻璃或亚克力材质既可以扮演类似陶瓷水泥制品材质的容器，又可以以板材切割成型的方式制作各种现代的容器，这使其成为本案例木作容器中很重要的配合材料。

应用广泛的
玻璃微景观

在绿植微景观中，金属主要还是体现现代感、工业感，也可以体现铜雕、锡雕、铁艺等手作设计感。金属材料除了可以制作容器，还可以成为其他材料的搭配对象，以及作为其他材质容器的支架，因此金属在微景观中占有一席之地。

铜铁容器在
微景观造型
中的应用

相比金（金属材料）木（绿植）、土木、水木等搭配，木与绿植属于木木搭配，近似的草本属性同样可以造就有创意的效果。

木作在微景
观产品中的
部分应用

通过调研可以发现，木作微景观的产品种类较少，大部分作为玻璃制品的底拖出现。这可以说明木作微景观中木料的合理运用有非常大的发展空间。透明的亚克力或玻璃制品与不透明的实木搭配，再结合植物、沙石，是木制文创产品开发的重要方向。水泥、陶瓷或金属等材料与木料的搭配也别具一格。

第一个设计制作方案是用木工车床对木料进行车削，再用木工铲将木料加工成近似陶瓷的肌理感。这里最大的难点在于容器外表面的手工处理。制作完毕后，木碗内部需要涂布防水清漆。

容器带肌理感的木作微景观

第二个设计制作方案为壁挂画框式绿植微景观，其主结构为木框，以亚克力板或玻璃试管点缀为辅，整个微观景实用而美观。

壁挂画框式绿植微景观的设计制作

第三个设计制作方案为与全光谱 LED 灯结合的绿植微景观，以木作为主，产品支撑框架为切割与折弯的钣金（也可以用木料制作）。

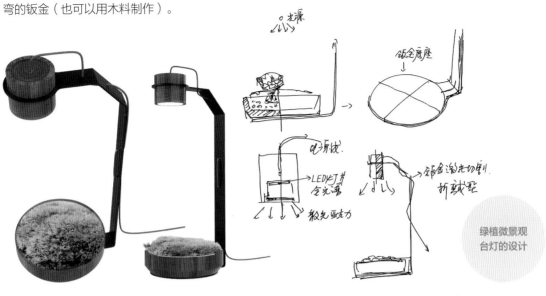

绿植微景观
台灯的设计

第四个设计制作方案为与全光谱 LED 灯结合的绿植微景观，以木作为主，产品支撑框架为树枝造型，产品除了有一定的观赏性，主要用作氛围灯。

绿植微景观氛
围灯

第五个制作设计案例是生态球，即将球形容器一分为二，上半球放微景观植物，下半球放迷你水生循环系统，中间为分隔层，作用是将上下半球卡位固定，并作为放置微景观植物的平台。产品最上面是全光谱 LED 灯，灯杆由可以弯曲一定程度的支撑杆（类似手机支架的支撑杆）构成，底座则用木料制作而成，整体设定是一个较小的生态系统。

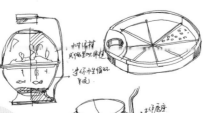

生态球微景
观开发设计

第 **5** 章

木作文创相关品牌及
产品分析

很多人爱好木作，仿佛能够借由木作放慢时间，回望往昔以及故乡的旧时光，暂时忘却工业化的喧嚣，从纯粹的木作手艺中找寻内心的安宁和精神的愉悦。木作产品有其市场需求，但传统的木作产品脱离了原来的生活场景，设计上未能与当代人的生活和需求契合，手工木作的经济价值有限。与传统匠人"一辈子专注于一件事"的执着精神不同，当代设计师可以通过品牌和设计策略使木作产品获得新的生命力，与用户产生共鸣的同时创造可观的经济效益。

　　木作不应该逐渐变成"活化石"，我们可以依靠恰当的商业逻辑来延续木作的生命。当代木作设计师实际上是非常具有技艺信仰的群体，通过创作作品让自己的设计思想得以呈现，但他们也容易在工业化和逐利过程中迷失自我。单凭热情，木作手工艺很难有长足的发展。我们可以针对木作工艺的变化、木作产品国内外趋势及未来可能出现的商业机会进行规划，寻找木作产品的发展机会，让木作技艺得以传承，同时创造和时代相符的审美趋势，提高木作产品的经济价值。

　　本章主要介绍国内及北欧的几个经典品牌，探索木作品牌的发展策略和木作工作的组织方式。国内木作方兴未艾，木作品牌开始细分，这些都在发展木作传统技艺上贡献着自己的一份力；北欧经典木作品牌持久的品牌效应值得我们探究。

　　新式木作设计及产品开发如同这个行业的微光，针对市场的变化，吸收优秀品牌木作的策略，结合现代化工业及传统手工艺，以互联网为媒介，让木作作品价值最大化。虽然木作爱好者和木作设计从业人员没有那么多，但通过他们的星星之火依然可以燎原。

5.1 国内木作文创相关品牌及产品

5.1.1 猫王音响

多年前，曾德钧先生带着木制方形音响出现在杭州的文博会上，这款产品看上去与传统的木盒音响差异性并没有那么大。但没过多久，众筹兴起，借众筹的东风，国内很多自主设计制作的特色产品有了一次高规格的曝光。2014 年曾先生开始尝试众筹，2015 年猫王音响在京东众筹成功。"老头做众筹"这个案例曾两次被刘强东提起。就此机缘，猫王音响不但拿到了京东的投资，还受邀参加京东众筹，成为红遍创业圈的热点，并且创造了行业历史：43 天众筹破 360 万，连续多年斩获国内外设计大奖。流量时代，曾德钧敏锐地抓住了时代的机遇，以音响 + 木质的怀旧情怀赢得了市场。机遇对于木作产品的开发尤其重要。

"征服"众筹消费者的音响极客曾德钧，是猫王音响的创始人，他 66 岁历经六次创业，最艰难的时刻曾因为债务问题，团队众骨干人员近一年无薪共渡难关。随着猫王音响的走红，猫王音响品牌获得了互联网"大厂"的青睐。但曾德钧拒绝了互联网"大厂"的并购邀请。自创业以来，他累计投入上亿资金用于音响产业研究，付出高昂的代价为产业投石问路。2006 年，曾德钧意识到网络对各行各业的巨大推力后，精准判断出未来音响将以蓝牙和无线 Wi-Fi 技术为基础，在年近 60 岁时他开始创业。

抓住时代脉搏才能够抓住企业腾飞的机会。在技术的无形推动下，声音的载体从黑胶、磁带、CD、硬盘，进化到以网络为主导的云音乐。曾德钧发现：每一次信号源载体的变化，都会引发行业变革。2010 年 12 月 31 日，顺势而为，他成立了猫王收音机，后来发展为猫王音响。他推进智能音响操作系统的研发，使音响进入智能化云音乐，开创了智能音响产品的先河。

从小众走向大众的"猫王 1"典藏级收音机

猫王音响

当然，面对变幻莫测的市场，曾德钧也曾焦虑过。毕竟很多品牌在短暂爆火之后，都陷入了后继无力的发展僵局。但他的达观总能把坏事变成好事，把压力转化成动力。他认为：焦虑感一定会有，也正是这种焦虑感促进品牌在业务和产品线上持续探索。毕竟在曾德钧看来，猫王的成长哲学就是"在不变中定方向，在变化中找机遇"。

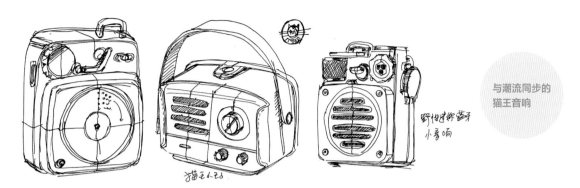

猫王音响的脱颖而出，正是基于其领袖人物深耕音响多年的底气、对技术与细节的精益求精，以及对产品独特性的孜孜以求，还有就是抓住时代的脉搏，抢占先机的勇气。猫王音响简洁的外形，特立独行的怀旧腔调，结合优质的产品技术内核，通过声音美、外观美、体验美这三美精准俘获用户的心，作为一种潮流符号，成为圈层文化的代表。

猫王音响其实是曾德钧对生活与声音由衷喜爱的极客的表现形式。正如他所说："成功只有一种——按照自己的方式去度过人生。"

把猫王音响放在第一个，实际也在昭示匠人们依旧有春天。一个人的深度执着会影响和改变身边的很多人。不管多困难，初心不改，由个体到团队，凭借极客对一门技艺的专注和深情，可以实现企业的跨越，成就企业并且让企业拥有核心竞争力。

5.1.2 晚峰书屋

"晚峰书屋"品牌创始人是刘文辉。按他的说法，他在37岁求学与创业，上学比别人晚、工作比别人晚、懂事比别人晚，就连公司的名字也叫"晚峰"。刘文辉说，从少年到壮年，自己好像做什么事情都比别人晚一步，但这并不妨碍他热爱生活。他曾说："我想，有时候晚一点并不是坏事。慢一点，恰恰是一个匠人应该具备的沉稳与扎实。"

第一次见到刘文辉设计的迷你斗拱时，正值暑期，笔者在浙江省创意协会担任设计培训老师；第二次见到是在杭州的丝联166创意产业园，闲逛时看到了创意产业园的大道上，几个孩子在玩这个产品，道路一旁还有这个产品的单独陈列及海报；第三次是在《了不起的匠人》里看到对这位新时期木作匠人的采访。

刘文辉从小喜欢美术，2012年他开始在文化艺术领域内寻找创业机会。他希望运用乐高的特点为中国孩子开发中国人自己的积木，并能够传承中国古建筑的设计美感，实现寓教于乐。同时通过亲手搭接，把高雅的中国古建筑艺术推向民间，活化我们优秀的传统文化。

无论他从学生到设计师，还是从设计师到工程师，或从工程师回到学生，再从学生到创业者，而今又从创业者成为手艺人，每一次角色的试探和转换都是他在探索技艺和美的过程中的主动蜕变。

儿时的情愫是梦想的最大动力

将图变成可以触摸、拆装的产品是晚峰书屋的一大使命

晚峰书屋通过木制榫卯结构按比例复原古建筑，将古建筑的三维空间形象栩栩如生地还原。

"纸上得来终觉浅，绝知此事要躬行。"刘文辉认为，书中画的只是停留在二维层面，给人的感知还不够。如果书中不仅有文字介绍，还有图片，更有模型组件，并将组件依次取出，可以动手搭建成生动的古建筑模型，这样生动的触摸才能够深刻地触及古建筑的灵魂。

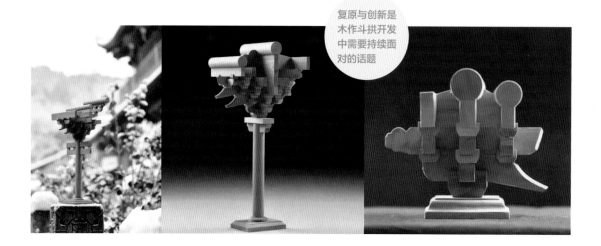

复原与创新是木作斗拱开发中需要持续面对的话题

正是因为刘文辉对梦想的执着和坚持，晚峰书屋才不停迎接各种挑战，逐渐成为微木作行业中有个性、有坚守的企业和品牌。木作文创是一个充满挑战的领域，期待刘文辉能在他自己喜欢的领域里有所建树，将我国传统建筑的木工艺发扬光大。

5.1.3 本来设计

如果说晚峰书屋的刘文辉是以个体设计师的身份逐步跃入微木作创业这个商业活动中，那么本来设计的创始人张飞则更加具有当下中国设计公司的典型性。其典型性的意义是从设计机构迈入实体创业领域，完成了从设计服务到设计制造以及产品市场化的转变。

本来设计目前是我国获得各种设计奖项较多、参与国内外展览较多的一家文创企业。2011年，张飞设计了两款原木台灯赠送给亲友，意想不到的是，这两款台灯在微博上受到了超乎想象的关注和好评。原生态的设计美吸引了诸多网友，网友们纷纷在微博下留言询问台灯的情况。从设计行业到木制品行业的"越界"，让张飞接触了家居设计，开启了原木产品开发设计之路。

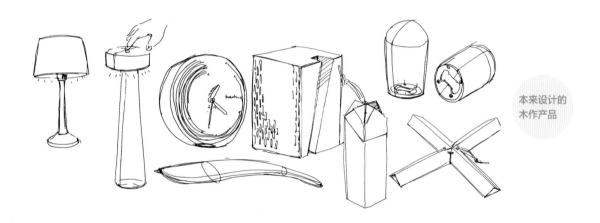

本来设计的木作产品

每一块木头都具有独一无二的纹理，原木成了本来设计重要的设计元素。木制产品的制作工艺不同于其他产品，它无法快速复制生产，也不易被标准化，因此本来设计的木作产品都结合手工技艺制作。为了制造出精致的产品及掌握木料的加工技艺，张飞特地前往日本学习。在生产质量上，本来设计建立了自己的加工厂，以保障产品质量。

张飞早期参展的作品

线条的洗练、木质纹理的自然、材料本身的美感和独特的结构功能，使得本来设计的产品成了有情感的物品。从 2012 年创立品牌以来，本来设计的木作产品获得了多个奖项，同时，许多作品在国内外展览中展出，而且哥本哈根中国文化中心永久性收藏了其中的 16 件。

本来设计清晰的产品系列和开发方向

本来设计的灯具系列产品

　　作为国内代表性的文创企业之一，本来设计的木作文创产品相比其他材质的产品，存在更多的现实问题，如面对个性化的市场消费群体体量小，产品需求量小，产品纯手工打造导致价格高昂，而且纯实木产品报废率较高、生产能力有限、回购率低，与其他材质的产品一样需要昂贵的营销推广费用。正是因为这些现实问题，导致木作文创产品盈利能力有限，阻碍了资本的投入和行业的发展。木作创新不能单凭一腔热情和单纯的图纸打样，产品创新程度、产品盈利能力、完整产业链是目前束缚木作企业发展的三大难题，也是传统设计服务型行业转型实体行业的枷锁。

　　本来设计为国内设计机构提供了非常好的参考，是国内原创设计驱动商业的成功典范。它以独特的设计获得了业内认可，并将设计成功商品化，逐步形成产业链，以此获得生存与发展的机会。

5.1.4 "唯诗"香插品牌

如果说本来设计是尝试用木作在灯具等产品种类上努力，那么唯诗品牌的魏杭帅则将目光聚焦在一个相对冷门的细分行业——香插。

魏杭帅早期在"站酷"上发布了一个紫砂的天坛香插作品，该款作品获誉无数，这促使他在香插领域深耕细作，并逐步成为行业的翘楚。

"80后"魏杭帅是一个执着于"美"的设计师，在2011年创造了自己的品牌"WEIS"（唯诗），寓意做诗意的产品。他在设计的时候，会习惯性地先去寻找美的载体，通过功能的精准定位和推敲，创造新的产品。其作品不仅具有意境之美，功能也得到了妥善的考虑。他的作品获得过红点奖、IF概念奖、金点奖等国内外多个设计大赛的奖项。

唯诗以原生态的材质和半手工式的工艺呈现既具有中国传统文化韵味又具有国际风格的产品，其中包括香器、茶具、餐具、文具等多个品类，作品自然而雅致，基调清新又不乏诗意。

具有国风的香插作品

采用多种复合工艺的香插作品

每一个优秀的设计师都有一个有趣的灵魂。魏杭帅是幸运的，能把闲情逸致的生活理想寄托在设计上，将传统文化的美学与小众的生活结合，不断探索文化与有趣灵感的碰撞，在创意中获得了升华。香插是一个非常小的细分产业，市场也是小众化的，唯诗的香插产品多为木制品，木制品适合柔性生产，可根据客户需求小批量生产，满足小众品味。而且木制品适于塑造丰富的形态，造型上更加自由，制造工艺上也能够跟其他材质结合，易于实现很多创意和想法。例如，在木头上雕刻，贴铜片掐铜丝，甚至贴螺钿片，各种各样的精细工艺和设计都可以尝试。唯诗的产品聚焦在香插上，在一个领域做精做专也是唯诗成功的密码。

有一定交互功能的产品研发设计

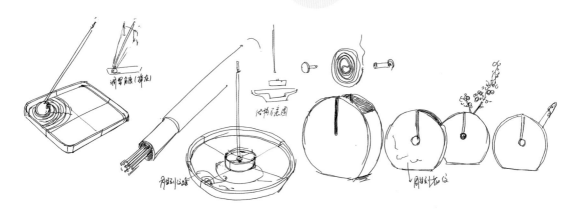

5.1.5 MYLab

在木作培训行业中，MYLab 木艺实验室（简称"MYLab"）是先行者，它是一个全新模式的木作开发和实践空间，为爱好木作者及喜欢动手的人们提供了优质的木作技艺服务。它是一个创新和具有开放思维的服务平台。

在国外，有很多私人木工 DIY 工坊，木工 DIY 也是非常流行的大众爱好。

有广泛群众基础的国外木工坊

国内的木艺爱好者圈子大约兴起于 2001 年，多为小范围的自娱自乐，之后规模化、开放性的木工坊开始出现。一次偶然的机会，MYLab 创始人水杉去台湾旅游时参观了当地的木工坊。彼时，台湾有很多开放的木工俱乐部，木艺爱好者可以在俱乐部里使用设备，制作自己设计和喜欢的木制品。水杉很想做一个类似的木工坊——提供交流、学习木艺的场所，以帮助更多的木艺爱好者追梦、圆梦。MYLab 的出现，在国内引起了很多人的关注。

木作培训品牌 MYLab 的场地

MYLab木艺实验室

用户深度体验 MYLab 木艺实验室所做的木制品

MYLab 的盈利项目中，除会费、木材消费及培训费（不仅针对会员，而是面向所有人）外，还包含一些企业的团建费用。水杉觉得，进行木工体验的企业团建，不仅可以培养团队协作意识，而且可以让学员打磨工匠精神。做木工必须关注品质，MYLab 重视的是让学员体验一点点把原料打磨成型的过程。

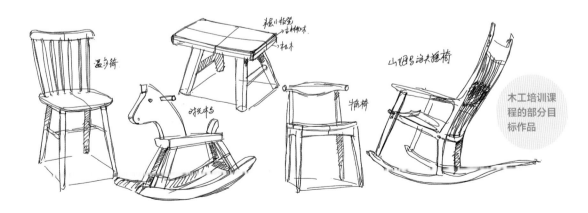

木工培训课程的部分目标作品

水杉将 MYLab 定位为服务行业，服务好用户，并且通过用户宣扬木工坊这种新的生活方式。如今 MYLab 的发展已经进入新的阶段。在水杉看来，第一阶段是尝试阶段，杭州店是进行木工坊运作形态的一次尝试。通过有效利用资源、控制成本、合理布局，实现良好的用户体验，规划出了木工坊的雏形。第二阶段，通过连锁的方式把店开到其他城市，为木艺爱好者打造城市生活的新空间。现在，水杉在上海、宁波、苏州、南京、广州、北京、青岛、温州等地都打造了类似的木艺实验室，让各个地方的木艺爱好者都可以享受 MYLab 提供的服务。

MYLab 带来的启示

第1点，爱好与创业有机结合。作为国内木作培训的先行者，MYLab 助推了行业的发展。

第2点，创业领域与社会机遇契合。MYLab 创业前期，正值号召"大众创新、万众创业"时期，各行各业在寻找和推动创新，催生了 MYLab 木工坊的出现。

第3点，盈利模式响应时代产业特征。MYLab 诞生于新经济形式的欣欣向荣时期，彼时是杭州互联网、物联网创业及各种创业融资的高峰期，盈利模式与企业团建的结合，为 MYLab 的生存打通了另一个收益通道。杭州 MYLab 木工坊实质上是对木工坊运营的一个探索，在成功的基础上由单店推进到多店扩张，适应不同城市木艺爱好者的需求。

第4点，精心打造服务产品的标准化。与之前以产品销售为终端的木作品牌不同，木作服务产品的标准化打造实际是品牌连锁木工坊的一大难点。与美式木工坊不同，中式木工坊的存活和在不同城市的扩张也考验着 MYLab 团队的应变能力。

5.1.6 吕永中与半木

吕永中长期致力于室内空间设计及家具设计，也有少部分微木作设计。他是 2015 年福布斯榜单上最具影响力的中国设计师，2016 年曾获"国家精神造就者"荣誉。其丰富的经验来自对中国传统文化及对当代设计的深刻理解。

半木品牌

吕永中的设计手稿展

《生活月刊》为吕永中写的颁奖词："他是设计师中的哲学家，在传统与现代之间凝聚灵感，将'取半舍满'的生活美学与人生哲学融入设计，重新定义'家'的意义。设计家吕永中，用线条与光影，探索中国设计叙事的无限可能。经他之手，艺术的虔诚信仰如光芒，如海浪，穿透世俗与庸常。"

吕永中不仅有出色的设计能力，还能将深厚的传统文化的内涵融入设计中并加以传播。半木的"半"，是对器与道浑然一体的极致追求，也是一种物质与精神的平衡愿望；"木"，是以木为代表蕴含时间与生命的各种材料与形式的探索。

吕永中的
苏州椅设计

半木品牌正是吕永中理念的实践，他希望找回中国人曾经拥有的雅致生活。他凭借精良的木材、人体工程学的深度应用、手艺的捶打，开创明式家具经典之后的当代中国家具的新道路。半木的作品，以"天井明堂"理念设计的北京草场地半木空间，无论是空间、家具还是日用器物，都诠释了他的理念中"中国人的家"的样子。

瓦片插香座

泉八音盒

半木品牌中的部分微木作设计

如果说无印良品通过日式家具呈现日式生活理念，宜家通过北欧家居展示北欧温馨的生活美学，那么半木设计则呈现的是中式生活美学。半木的商业方式与前几个设计师和品牌不同，其商业模式倾向于高端设计品牌，依托在北京、上海及无锡等地的五家直营专卖店进行销售。

5.1.7 微木作手工艺艺术家阎瑞麟

圆润、温厚、自然、质朴、独特，是阎瑞麟大师木作的关键词，同时也折射出他的木作哲学。他赋予了木材美好的价值和意义。

我国台湾微木作手工艺艺术家阎瑞麟设计制作的木制小雕塑极简而精致，收获了一大群粉丝。运用传统木作技法，从草图创意、材料选择、外形雕刻、精细打磨到其他材质巧妙镶嵌，他创作了很多具有精致软萌气质的木制小雕塑和小型家具。既有可放于桌面的摆件，又有可悬挂于墙面的壁挂与装饰，还有小型立式书架与书桌，大多数木制品造型可爱、童趣满满。

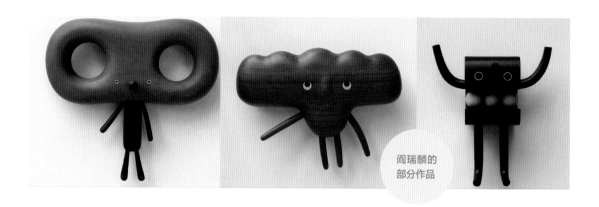

阎瑞麟的部分作品

阎瑞麟的木作偏向于雕塑风格和手法，舍弃了繁复的花纹，保留了简洁圆润的形态，渐渐形成自己的PI（产品形象识别系统）。类似卡通形象设计的做法，与互联网企业品牌形象设计的做法不谋而合，诸如天猫的小猫、京东的小狗标志等，而近几年流行的公仔也助推了木作卡通形式的发展。

飞鸟系列微木作

小小人系列微木作

5.1.8 木匠兄妹

台湾木制品文创的品牌不少，具有特色的品牌也不少，比如木匠兄妹、青木工坊、知音文创、木入三分、一郎木创等。其中木匠兄妹在各种通路上销售产品，算是在台湾广为流行的木作品牌。

木匠兄妹的创始人是来自台中后里的一对兄妹，因为对木头的由衷热爱，也是为了传承父亲的微木作手艺而创立的。他们对木制品的设计进行革新，在设计中应用趣味、好玩的元素，制作了很多有创意的家居产品、文具、玩具、灯饰等，并以此为基础开发了很多成人木工和亲子木作体验课程，使得台中的木作产业获得了新的动力。

木匠兄妹的部分产品

木匠兄妹品牌的发展模式在某种意义上属于木工坊或个体户的运营方式，结合线上网店、线下实体店的形式，并积极参与各种市井文创集市，逐步积累人气及修正产品开发方向。

木匠兄妹的作品加入了富含童趣的元素，受到亲子消费市场的欢迎。他们以儿童、亲子互动类产品作为主要开发目标，儿童可自行玩耍木制品，或和家长同乐。

木匠兄妹的产品充满童趣

5.1.9 李易达的 MoziDozen 工作室

　　MoziDozen（木子到森）工作室于 2009 年由李易达创立，工作室专注于"从生活中的美好瞬间、感受寻求灵感，以亲手制作的生活器物、灯具传达生命的温暖"，注重工艺细节和品质。其产品都是以木材为主要材质，结合其他温和的材质，如羊毛毡、纸浆等，通过数控车床加工初坯，由手工打磨完成制作。木材美得纯粹而温润，毛毡或纸浆等材质柔软而舒适的触感，使产品成为日常陪伴使用者的称心"伴侣"。

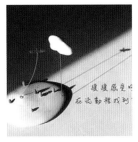

李易达的部分作品

　　每件作品秉承"来自生活的美好感受"的理念，灵感来源广泛，比如在野外吹着蒲公英的情景；将随手采摘的野花、野草插入家中的花器后，给人带来的点滴温暖的情景等，这些美妙的时刻都能激发一件产品的产生。MoziDozen 注重产品的情感交流和互动，同时产品具有实用功能，让使用者从产品中反复重温生活中每个微小而感动的瞬间，从而获得心灵的慰藉。这样纯粹而有爱的初心，透过作品和消费者产生共鸣，以此成就了品牌的特色。

充满想象力且具有较高亲和力的作品

5.1.10 知音文创

知音文创是一家具有丰富企业文化和漫长发展历程的文创公司，该公司旗下品牌和产品类别很多，其起步阶段为 1976—1989 年，发展方向以纸艺为主；发展阶段为 1990—2006 年，其间仍然以纸艺为主，并逐渐走向国际市场；从 2007 年开始，以音乐盒、场景卡通等开发微木作产品。

知音文创造梦工厂自成立以来，打造和成就了诸多的经典设计和产品，感动了无数的消费者。其木作产品品牌主要有 3 个，即主推实体产品的 Wooderful life、侧重培训教育的木育森林，以及以木作作为多肉等植物微景观产品的莳光。

知音文创的成功不同于小而精的工作室或木工坊，其商业规划和运作能力无疑是强大的。如果小木工坊和工作室能从 Wooderful life 的成功中汲取经验，在走向扩张之路时能够因地制宜，产业精分细化、协同作战，但又紧紧围绕着主业，则更容易获得成功。

5.1.11 其他木作品牌及产品

国内木作品牌的宣传得益于近几年短视频平台的兴起，同时各电视台持续播出关于手艺人和非遗的纪录片，这让手工艺重新回归大众的视野。

与实木家具的刚需不同，微木作作为生活的点缀品，是近几年才形成的产业。投入微木作可以养活自己，甚至可以开店、开厂，让微木作商业化运营，批量化生产。微木作品牌大致有以下诞生方式：①知名设计师，他们逐步从纯粹的设计服务提供者转向实体运营者，带动木作设计产品商业化；②实木家具品牌的子公司或子产业，为了消耗家具生产后的木材边角料，同时成就主体产业的配套产业；③木工坊在培训之余，逐步产生自主设计的产品而汇聚起来的微木作品牌；④区域产业兴起带动外贸加工企业尝试转型的微木作品牌；⑤纯粹从爱好出发而逐步形成的微木作品牌。

从自主设计能力上来说，最强的是从设计师及爱好者出发形成的微木作品牌；而从制造加工能力及工艺把控上来说，较强的则是以家具厂、外贸加工企业为背景的微木作品牌。通过以上方式诞生的微木作品牌，极大地助推了木工行业的复兴。

其他与木作相关的品牌

以上品牌中，尚元堂是浙江诸暨的品牌，前身主产红木家具，现部分转型制造各种红木礼品，如今已经是业内体量较大的微木作品牌；知名设计师张雷的"品物流形"及其后续创立的"融"平台，都在努力尝试用传统手艺以造物的方式实现现代复兴；位于杭州瓶窑镇的"自然造物"旨在探索传统在当前生活中的应用场景。

众多国内木作文创相关品牌在对传统手艺系统调研的基础上，通过解构、研究、重塑，完成了一系列的图形创新、文化内核提炼，以及手艺技能的梳理，在保留手艺核心优势的前提下，将研究成果与现在的用户诉求相结合，进行产品创作，并实现量产。最终，使传统手艺以一种更好的方式被更多的人接受，让传统手艺通过现代化的方式获得新生。

每个与木作相关品牌在强调品牌调性的同时将手艺与商业进行结合，将传统手艺进行了活化，它们的每次努力都值得尊敬。

5.2 北欧木作文创相关品牌及产品

北欧设计是木作行业的一面旗帜，很多著名的木制品企业来自北欧，比如瑞典宜家家居、丹麦Fredericia、丹麦MUUTO等。北欧风格也被称为"斯堪的纳维亚风格"，它具有鲜明的地域特色，以简约的外形、自然材质的使用、人性化的考量为典型特征。

具有一定影响
力的北欧部分
知名家具品牌

hem GUBI louis poulsen

&Tradition®

MENU
FRITZ HANS

normann COPENHAGEN

MUUTO Fredericia 1911

北欧的设计师们充分利用当地的地域特色，善于从自然环境中获得灵感，并有效地应用相应的资源，使其设计因鲜明的风格特征为大众所推崇，在全世界不同国家也收获了很多好评。

北欧风格注重实用性，尊重传统、欣赏自然材质，克制使用装饰性元素，形式也极为简约，追求形式和功能的统一。这种风格体现在家具上，简洁、直白、功能化的造型结合自然材质，给人带来如北欧自然环境般的宁静和在北欧寒冬中所需要的温暖。

对材质的挑剔和高超的工艺技术水平，北欧设计成为品质的代名词。品质和以人为本的特征，使其得到了其他地域人们的认同，从宜家家居在国内的火爆可见一斑。北欧的设计师们在造型方面造诣很深，也善于博采众长。比如大师汉斯·瓦格纳从中国传统家具中吸取经验，又通过其精湛的设计把中式的椅子在保留精华的同时创造出现代的形式。简洁的中国风又兼具对人性化、人体工程学的考量，使他的设计成了设计史上的经典。在设计上，丹麦的家具设计优雅别致；瑞典的产品简洁时尚；芬兰的产品稳重实用，结构严谨而造型和材料注重自然；挪威的产品崇尚厚重与质朴。

北欧设计在现代设计运动中，没有盲目追随机械化、缺乏人情味的功能主义风格，谨慎对待钢、玻璃等现代材料，努力让产品既能够保留传统产品和材质给人们带来的心灵的安宁和舒适，又能够以简洁流畅的造型、不乏温情的材料及色调、淳朴的风格及大胆的创新呈现在国际设计舞台上。随着机械化大生产的普及，新一代的设计师为北欧设计风格不断努力着，在解决工业化和艺术的关系中努力创造和谐和优雅的设计作品。

汉斯·瓦格纳
部分经典作品

接下来主要介绍一些知名的北欧品牌，我们可以通过这些木制品品牌的设计来解读北欧风格。

5.2.1 丹麦品牌 Fredericia

Fredericia 是一家家族式经营的家具公司，成立于 1911 年，最早从事以木材为主的室内装潢设计，后逐步转为家具生产，主要生产各种传统风格的高品质家具。

1955 年，Fredericia 的创始人安德烈亚斯·格雷弗森（Andreas Graversen）与博尔赫·莫根森（Börge Mogensen）密切合作，将 Fredericia 高品质家具设计与现代主义理念结合，打造了许多经典的家具。其高品质的家具设计获得了丹麦皇室的青睐，成为丹麦皇室的家具御用品牌。

莫根森依靠对材料的敏锐直觉和精准的比例把握能力，创作了一系列的标志性作品，获得了各个博物馆和收藏家的青睐，具有极高的价值。莫根森的设计强调简约原则，他认为美观应该围绕实用性产生。

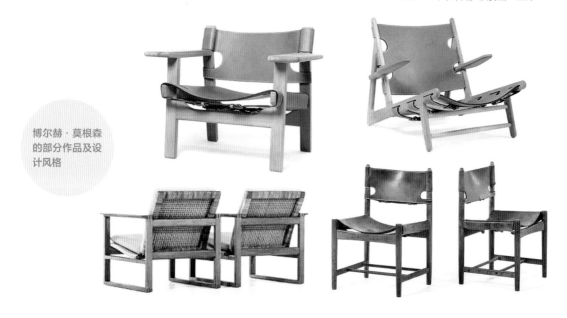

博尔赫·莫根森
的部分作品及设
计风格

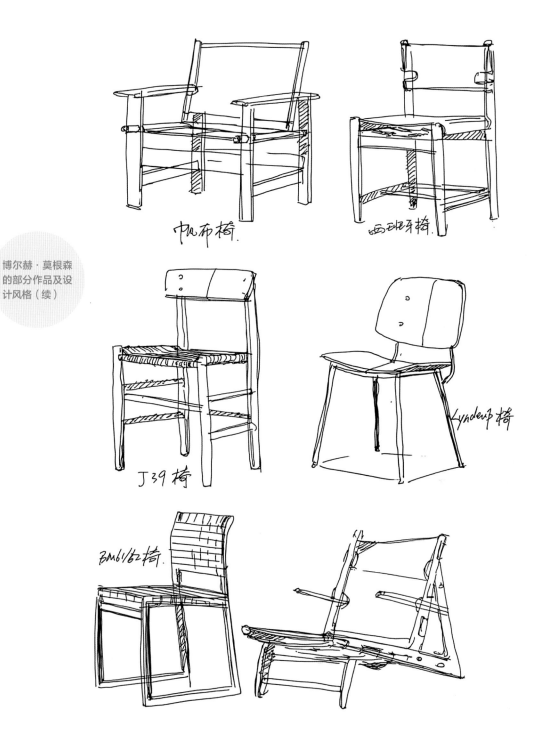

帆布椅.

西班牙椅.

博尔赫·莫根森的部分作品及设计风格（续）

J39 椅

Lyndeup 椅

BM61/62椅.

　　较强的功能性是莫根森设计的特征，他科学地分析家具的结构，设计的家具线条简洁有力，大部分以工业化方式生产，适应生产工艺。

　　过去的北欧设计主要受限于木材、金属等传统材料。近几十年来，随着材料科学的发展，促进应用的材料也发生了很大的变化。Fredericia 跟随时代的发展，对设计和新工艺进行不断的探索，也和其他的设计师和设计公司进行合作，创造了很多经典的产品。

　　20 世纪 80 年代，Fredericia 开始与著名设计师南娜·迪策尔（Nanna Ditzel）合作，将工业化的全新可能性工艺与传统工艺结合。1993年南娜·迪策尔设计了一款椅背具有优美弧度及复杂镂空纹理的椅子，在当时的工厂里，这个工艺几乎不可能实现。Fredericia大胆尝试了当时最先进的CNC技术，通过CNC完美实现了椅背的弯曲及椅背上精美的镂空纹理。将不同设计师的灵感与理念进行实现的过程，推动了Fredericia对工艺的探索和发展。在运营方面，Fredericia利用著名设计师的明星效应，聘请业内相对最好的设计师进行设计，并采用全球发布的形式进行宣传，让百年品牌焕发耀眼的光彩。

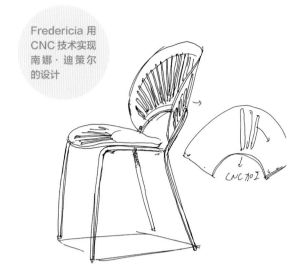

Fredericia用CNC技术实现南娜·迪策尔的设计

5.2.2 丹麦家居品牌MUUTO

如果说Fredericia是丹麦乃至北欧家具设计的典范，那么MUUTO就是年轻活力版的新生代北欧家具设计品牌。Fredericia的设计都来自设计大师之手，而MUUTO则是由新锐设计师代言。

丹麦家具品牌MUUTO品牌名称来自芬兰文"Muutos"，意思是新视野。它成立于2006年，非常年轻，却能够在短时间内成为北欧风家具的代表。这与该品牌把北欧风格发扬光大，并且让家具产品从复杂回归简单，简约中又充满诗意的努力息息相关。

MUUTO的创始人彼得·邦嫩（Peter Bonnen）曾说："我们坚信，当代斯堪的纳维亚风格设计的成功之路在于我们这个时代最优秀设计师坚定的信念。我们给设计师充分自由的灵感空间去创造新设计，而我们视MUUTO的首要目标是设计师的发展。"

MUUTO邀请斯堪的纳维亚的设计师来开发各种产品，包括照明设备、生活点缀品、户外产品、座椅、沙发、桌子、各种柜子等，以冷静、简练的产品线条结合丰富的色彩突出设计的核心。MUUTO设计师可以自由地将平常生活的小情趣、日常生活中的故事等通过创新的设计和前瞻材料的应用展示出来，其产品不经意中保持了斯堪的纳维亚长久以来的简洁、功能化、自然、人性化，成为新北欧风格的代言。

MUUTO的部分椅子设计

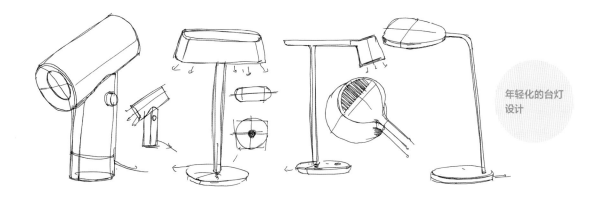

年轻化的台灯
设计

MUUTO 集聚优秀的当代设计师，他们对生活的感知敏锐，挖掘日常生活中的小趣味，创意大胆并通过新材料、新技术提升消费者的体验，从全新的视角诠释北欧风格。

MUUTO 的设计师认为：好产品的建立和传统的升华，通过不那么激进的变化，反思并与用户沟通，才能让产品在时代的洪流中立于桥头。

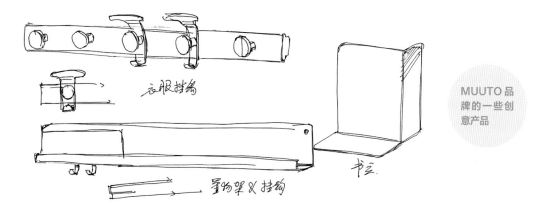

衣服挂钩

罩物架 & 挂钩

书立.

MUUTO 品
牌的一些创
意产品

MUUTO 的新北欧风与传统北欧风不同，其最直观的表现是在色彩的运用上。传统的北欧风常使用热烈的高饱和度的颜色或者黑白灰配色，而新北欧风更倾向于使用低饱和度的颜色，这样的颜色富有阳光感，让人有温馨、平和的生活体验。在优品辈出的北欧设计和北欧品牌中，MUUTO 能够凭借差异化的定位及差异化的设计在有限的市场空间里找到自己的位置，这对于我国的品牌值得借鉴。

5.2.3 瑞士品牌 Vitra

Vitra 的故事始于 1953 年，当时 Vitra 公司的创始人威利·费尔鲍姆（Willi Fehlbaum）在美国旅行时发现了查尔斯（Charles）和雷·伊姆斯（Ray Eames）设计的椅子，之后他决定成为一个家具制造商。不久之后，他亲自见到了这对设计师夫妇，并发展了一段长久的友谊，从此 Vitra 公司的发展理念就受到了重大影响。在过去的几十年里，Vitra 与世界上一些非常重要的设计师及其后代密切合作。这些合作促成了许多经典作品的产生。

维纳尔·潘顿（Vertra Panton）的设计是 Vitra 的特色之一。富有远见的丹麦设计师维纳尔·潘顿提出了一种色彩鲜艳的一体式全塑料椅子的想法，这种椅子具有雕塑感和悬臂式设计，外观时尚大方，有种流畅大气的曲线条。此外，他还设计了其他创新性的产品。

维纳尔·潘顿的创新设计

Vitra 经营了 80 年左右，与客户、员工和设计师保持着良好关系，这代表其产品耐用、具有可持续发展品质和良好的设计。Vitra 近几年开始注重环保设计，并逐步将环保元素融入产品设计中。

5.2.4 丹麦品牌 Fritz Hansen

Fritz Hansen 于 1872 年创立，拥有 150 多年的历史，是丹麦"国宝级"的家居设计品牌，也是设计史上不可或缺的家居品牌。

1872 年，木匠弗里茨·汉森（Fritz Hansen）在哥本哈根开始从事橱柜生产工作。他坚持品质至上，其产品很快在丹麦打开市场。弗里茨·汉森的儿子在接手家族企业后，非常有前瞻性地将公司业务定位为可以工业化量产的家具产品。由此，Fritz Hansen 公司迈进新的发展道路。以精湛的工艺、独特的设计、深度的内涵为特色，Fritz Hansen 成了一个卓尔不群的国际品牌。如今，Fritz Hansen 的产品被很多博物馆和著名场所典藏。无论是纽约的现代艺术博物馆，还是法国国家图书馆、澳大利亚的悉尼歌剧院、日本东京国家艺术中心等，都可以看到其出品的家具。

Fritz Hansen 的设计充分运用了优质材质的特点，通过精湛的加工工艺结合识别度极高的设计风格，使产品能够在不同的空间焕发风采，为收藏界的"大咖"们所喜爱。

1934 年 Fritz Hansen 开始与设计师阿恩·雅各布森（Arne Jacobsen）合作。但直到 1952 年，阿恩·雅各布森成功设计出胶合板的蚂蚁椅后，才为人们所熟知。这个独具特色的座椅推出后，获得了不同凡响的好评，也将 Fritz Hansen 品牌推向了高峰。

阿恩·雅各布森设计的蚂蚁椅

Fritz Hansen 让人们津津乐道的作品，除了蚂蚁椅，还有中国椅、7 号椅（Series 7）、蛋椅、天鹅椅等。

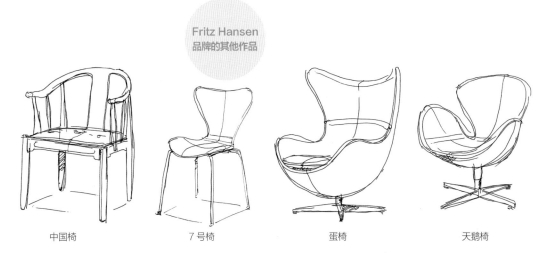

| 中国椅 | 7 号椅 | 蛋椅 | 天鹅椅 |

达里奥·赖歇尔（Dario Reicherl，Fritz Hansen 亚太区首席执行官）曾说过：经典产品具有很强的生命力，甚至可以延续百年。Fritz Hansen 以家、以人为本，期待每一件作品不仅为当代的生活服务，而且能与家庭或家族长久相伴。Fritz Hansen 向人们传递优质生活方式理念并与消费者产生共鸣，这是它们屹立百年的原因。我们国内的品牌相对于 Fritz Hansen，在设计创新中不失初心、传承企业理念方面还有很长的路要走。

5.2.5 丹麦灯具品牌 LE KLINT

LE KLINT 是丹麦的一家照明公司。其灯具是诸多建筑师和设计师合作设计的，并根据技术和市场趋势的变化不断更新。一百多年来，LE KLINT 的设计和技术相辅相成，如今已经成为丹麦皇室灯具御用品牌。

LE KLINT 生产基地位于丹麦的欧登塞，其良好的工艺和内部生产是提供高品质照明产品的保证。LE KLINT 的木制灯具多用折叠灯罩，而折叠灯罩需要技术工人通过多年的学习才能掌握，他们需要学会不同的褶皱形式才可以通过考核成为技术工人。这只是产品系列程序和工艺中的一小部分。LE KLINT 在生产、装配、质量控制和装运程序的各个方面都进行了精准的控制，确保每一个灯具都是独一无二的。

LE KLINT 品牌给我们的启示是，先立足于地域特色的细分产品领域，并强调传统材料与新型材料的结合，在制造过程中强调手工艺的融入，这样才可以形成具有北欧特色又不失北欧传统的照明产品。

第 **6** 章

木工坊

本章是本书的最后一个章节，主要试图呈现手工艺与商业结合的方法。

设计开发的基本流程是市场调研、产品分析、产品定位、产品设计、结构设计、样品验证、包装设计、小样测试、批量制造等。前面章节主要探讨概念设计及样品的制作方法。

对于木作初创者来说，选择项目实际是非常困难的事，这涉及市场调研、产品分析及产品定位这3个主要环节。前面章节中的创业品牌本来设计、晚峰书屋、唯诗都是在自己相对擅长的领域内持续做创新提升。微木作创业一方面是能输出具体的产品，另一方面也是青少年美育的一个重要环节，因此存在一定的创业土壤，这也吸引了部分设计机构的关注，尝试服务与产品的双轨制发展。

当下的微木作创业大都在家具周边、电脑周边、学习办公周边、灯具、装饰物、礼品等类别上。有的销售具体实物，有的则凭借短视频媒介的流量变现来生存，还有的是创建培训机构来盈利，多样化的细分定位及多元化的创业路径吸引了很多微创业者。另外，在商业运营过程中，创业者必须了解如何注册商标、如何进行知识产权保护，以及如何进行有效的商业推广。

除了设定赛道及销售渠道，另一大节点就是探讨木工制造基地怎么建设，如何拥有一个属于自己的加工作坊。与批量制造的家具不同，微木作的加工作坊更多偏向于个性化的小批量制造，大批量的生产则需要外围协助配合。

希望本章的内容能向读者呈现整体的创业框架思路，让读者有步骤、有方法地去深层次参与微木作这个行业。也希望有更多的人通过笔者的努力能感同身受，共同推进这个行业的发展。

6.1 木作细分领域未来的趋势

这一小节主要探讨木作的发展趋势。由前面所列的工具及加工方法可知，完整的木作产品的生产需要一条较长的加工流水线，其中涉及的工作内容繁多，这也是家具厂的占地面积相对较大的原因之一，而且还要有环保的涂装工艺车间。

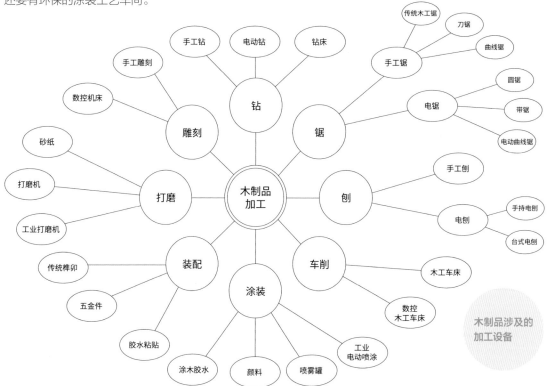

木制品涉及的加工设备

从微创业角度来看，木作涉及的工具比较多，需要从业者合理配备。如果面临产品的小批量加工，则需要合理安排人员分工与加工流程；如果遇到大批量加工，则需要更多加工配套工具和相关人员。从创业角度来看，木作的工业化批量制造必然会不断产生工种分流。因业务需求从单一的创业者小团队不断扩大为大团队，工种从一肩挑逐步过渡到专职某一细分工作，如创意设计、产品打样加工、产品制造、产品包装及后续销售环节等。

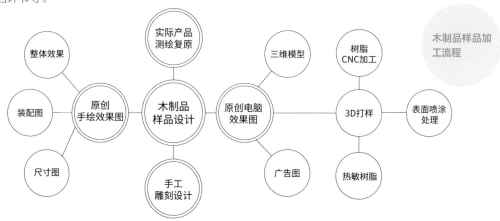

木制品样品加工流程

技术的进步让产品出样的速度越来越快，从创意到效果图，再到样品，可能只需几天就可以完成。相比家具的大零部件产品的打样，微木作的创作打样速度很快。例如，设计师将建模数据直接给成熟的 3D 打样公司，没隔几天就能出来与效果图十分接近的样品。

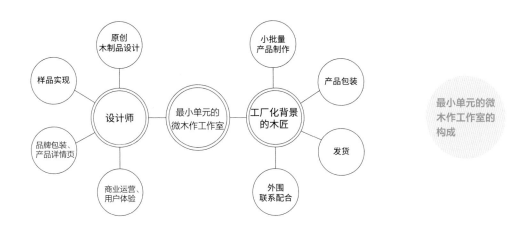

最小单元的微木作工作室的构成

由此可以看出，最小单元的微木作工作室只需要一个设计师及一个工厂化背景的木匠就能开始出产品了，如有合适的销售平台，整个流程就能初步走通了。后续的业务扩大意味着工作室的分工会更加细化。

随着消费者对木作产品的功能性、设计性、空间利用率、个性化等方面要求的提高，对设计师的要求也更高了，产品的原创性、工艺及高性价比都是创业者需要面对的问题。

以木作品牌 PIY 为例。设计师沈文蛟在创业初期塑造的螺纹榫卯结构衣架产品，曾面临营销困难及不道德厂家仿冒问题，好在后续他撰写了《原创已死》这篇文章，让他创办的企业"侥幸"活了下来。

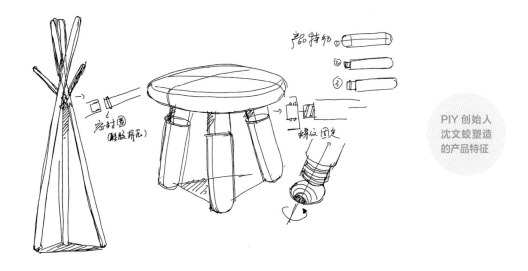

PIY 创始人沈文蛟塑造的产品特征

木作的创业不仅是业内的竞争，更多的还是来自复合材料、新材料家具产品的冲击。要想活下来，则需要创业者正视自己的优缺点，在产品设计制作中产生产品识别性，塑造产品特征，这个是木作文创活下去的基础。此外，加工能力、成本控制及销售端的品牌塑造，是木作文创成功的基石。

6.1.1 实木家具的研发趋势

目前，随着经济的发展，人们对生活质量的要求越来越高，对原木家具的需求量持续上涨，这使实木家具重新回归品质生活，在家具行业中的占比越来越重。现阶段，个性化或定制家具已成为家具行业主要的发展方向，其优点为款式新颖、尺寸可变、空间利用率高，可使整体风格与个性化需求完美结合。

实木家具的类别可以分为橱柜、衣柜、床、木门、桌椅等。木制家具产业链的上游是制作原材料的企业，以木材为主，其次是相关的配件，包括五金用品、涂料、布、皮革等；产业链中游为家具制造业；其主要的产业链下游是房地产，中国消费者购买家具的主要原因是搬迁新居、房屋重新装修和添置新家具。在家具制造业和房地产行业之间架起桥梁的是多种多样的家具销售渠道，如家具商场、品牌专卖店或线上电商平台等。

由此可以看出，即使在精装房房产时代，行业也没有出现垄断性企业，只有领导者企业，因此木制家具企业未来依旧有很大的发展空间。另外，手工家具、成品家具及定制家具各有优缺点，相对适合木作文创产业的接入。

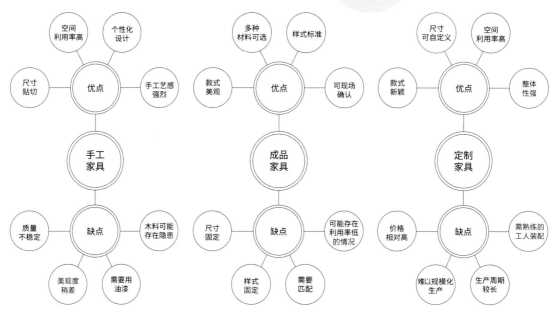

相对较小的家具如桌椅、置物架、书架、衣架、鞋架等依然是当下精装房需要配备的成品。除此之外，木制装饰品，如吊灯、台灯、画框等，依然有非常好的创业空间，这里要做的是在兼具个性的前提下适度匹配装修风格。

相比价格较高的国外进口原厂家具，国内的设计师原创家具及周边可以做到兼具美观与实惠。我国原木家具品牌在某种程度上也在赶超国际品牌。

6.1.2 木作灯具的研发趋势

从灯源照明来看，常见的有白炽灯、荧光灯、节能灯、LED 灯等。

由于 LED 灯体积小、耗电低、寿命长，因此是目前应用非常广泛的灯源。

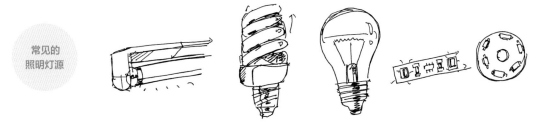

常见的
照明灯源

近年来的灯具市场中，家居照明灯具的竞争主要集中在功效、造型、工艺及新技术的应用、材质的变革等方面。而灯具市场的消费需求也根据上述几个方面呈现以下趋势。

① 功能细分。学生灯、书写灯、应急灯、日光灯、霞光灯、晚餐灯、不同高度的落地灯等不同功能的新品迭出。

② 崇尚自然。灯罩的选材广泛，采用纸、木料、纱质材料等，艺术与实用性相结合。

③ 色彩丰富。远程控制及灯光色彩冷暖可调，通过遮光罩可以实现不同的灯光色彩。

④ 组合使用。将照明灯饰与日用品组合起来，也是日常流行的时尚，如吊扇灯、圆镜灯等。

⑤ 高技术化。由于电子技术被广泛用于灯具的制造，因此可调节亮度的照明灯具多了起来。无频闪灯、3 种波长色谱可调灯等具备保护视力功能的灯具也进入市场。

⑥ 功能多。灯具与声、光、电及时间控制产生不同的效果。

⑦ 节能环保，高照明转化率，低发热。

木作灯具在具体的灯具类别中可用作吊灯、吸顶灯、壁灯、台灯、落地灯及多功能带照明的产品等，其中木料作为支撑杆、底座、灯罩，再结合五金件或塑料件，就可以实现常规灯具的平替。近几年 LED 灯源广泛应用，当散热及安全性不再是问题的时候，木作灯具的前景非常广阔。

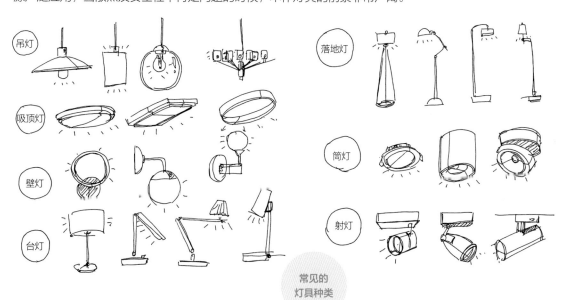

常见的
灯具种类

6.1.3 电脑周边木作产品的研发趋势

电脑周边产品有电脑支架、电脑增高架、多口 USB 插头、插排收纳盒、摄像头和 U 盘、音响产品、电脑屏幕补光灯、路由器收纳盒等。

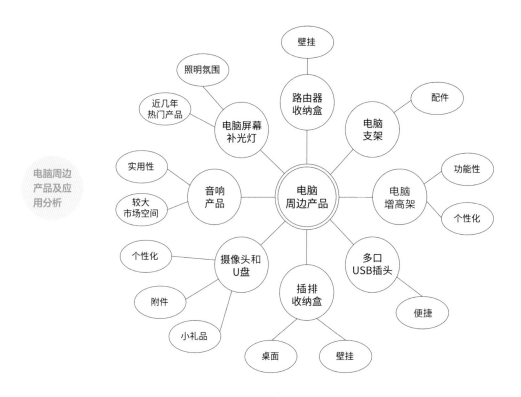

在电脑周边产品中，与微木作有较大交集的是电脑增高架、蓝牙音响、U 盘、电脑屏幕补光灯、Wi-Fi 机顶盒收纳盒、插排收纳盒等，其他的周边产品也可以通过木料的加工形成产品的外壳。

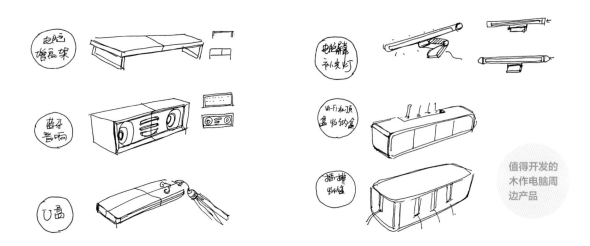

电脑增高架的设计开发在前面已经探讨过，这个也是近几年相对有市场容量的一款产品，参与的文创品牌也相对较多。Wi-Fi 机顶盒收纳盒、插排收纳盒等也具备细分创业市场容量；音响与电脑屏幕补光灯是电脑周边的热门产品，竞争激烈；U 盘是电脑常配备的附件，品牌众多，竞争比较激烈，但木作U 盘依然具有较好的市场容量。

随着年轻消费者群体的茁壮成长，追求个性化成了这代年轻消费者的标签，而传统电脑周边已经不能满足他们的审美需求。他们对设计感、体验感、舒适感的要求不同，所以选择也不同。新兴产业的诞生与发展势必会引发一系列连锁反应，在产品不断迭代的过程中，微木作亦能占有一席之地。

6.1.4 学习及办公周边木作产品的研发趋势

学习及办公周边的木作有钟表、书立、胶带座、圆规、尺子、笔、笔筒、台历架、会议牌、削笔器、名片盒、名片座、座位牌、纸架、纸巾盒、刷子、印章盒、印泥盒、书柜及书架等。学习及办公周边产品应该是微木作最能发挥设计创意的领域之一。

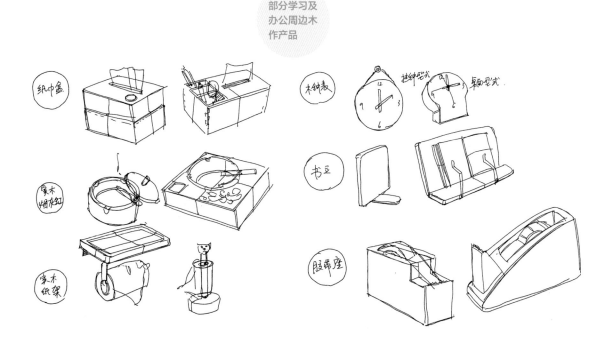

学习及办公周边木作产品的研发趋势与电脑周边木作产品的研发趋势相似，可以以木材质为主，与金属、树脂、纸艺等结合，甚至可以与中国传统工艺（如木刻、蜡染、竹编等工艺）融合，形成具有个性化特征的文创产品。

6.2 木作品牌的建设

当我们将微木作作为主要创业方向时，摆在创业者面前的第一个问题就是品牌应该如何建设。本小节简要介绍什么是品牌以及企业品牌应该如何建设。

什么是品牌？品牌就是对企业和其运营的产品、服务、文化的一种综合体现，是一个企业对外宣传的主阵地，可以让用户看到、听到品牌时能联想到产品或者企业相关的内容。所以，打造品牌最基础的就是品牌的辨识度。

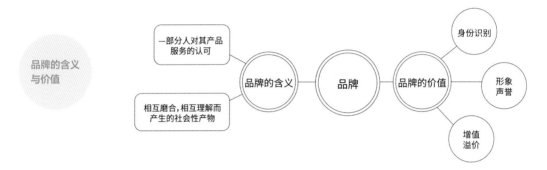

品牌建设通常是指一系列从事品牌培育、壮大，以提升品牌形象、品牌价值和品牌认同等为主要内容的工作。品牌的好坏代表产品质量的高低和综合竞争力的强弱，品牌影响力是市场的重要资源。为此，推进品牌建设、走品牌化发展之路，是木作创业者发展的现实需要和客观要求。在实际工作中，把握和运用好质量、信用、市场、效益、忠诚、文化这六大要素至关重要。

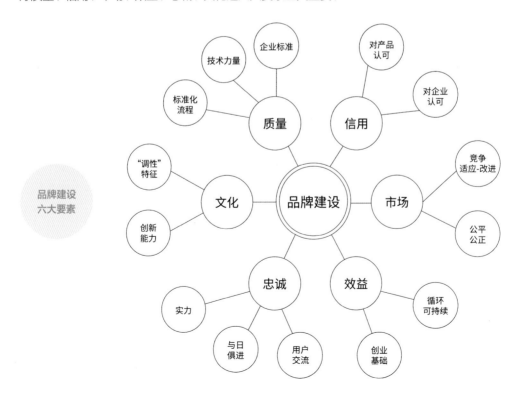

因此，木作创业者在品牌建设前，就要清楚以下几个问题。

第一，主要经营的是什么。

第二，能带给用户什么样的体验。

第三，品牌是属于哪个细分行业／领域。

第四，优势和劣势是什么。

这些是基本的，却也是非常重要的几个问题。

创业者要非常熟悉自己的产品、服务、营销模式、销售渠道、售后环节等。了解产品的优势、与竞品之间的关系，以用户为核心，将差异化的优势逐步融入各个环节中。一定要围绕目标消费者进行品牌定位，这样才能形成品牌印象，最后促成传播和交易。

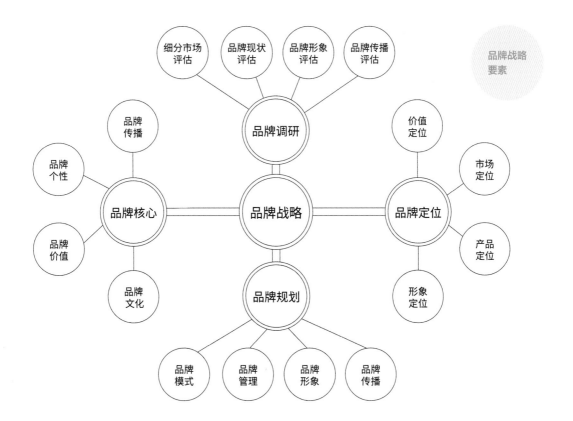

6.2.1 木作品牌一般如何命名

给企业或产品取个品牌名称是木作设计师参与创业必须要做的工作。一个好的品牌名称是品牌被消费者认知、接受、满意乃至忠诚的前提，品牌的名称在很大程度上对产品的销售产生直接影响，品牌名称作为品牌的核心要素甚至直接影响一个品牌未来的兴衰。

商标命名基本原则：①要尽量有识别性；②要注重消费者心理；③赋予商标名称寓意美感。

对木作创业者来说，木作品牌名称最为重要的应该是识别性。

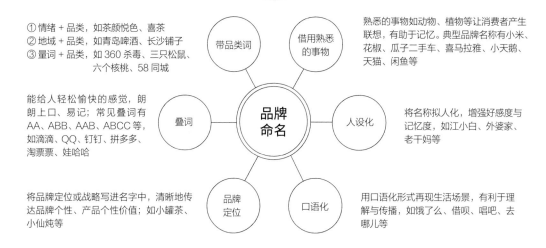

品牌的命名可以用类似上图所示的方式来尝试，如用口语化、借用熟悉的事物、品牌定位、叠词、带品类词的方式等。

赋予商标名称寓意美感是指商标的名称应该积极、健康、阳光，能使人产生美好的联想。注意不能为了博人眼球而使用那些带有不良信息的名称来命名商标。

常规来说，创业者要注册工作室或有限责任公司也需要一个名称，这个需要去当地工商部门核定才可以注册，商标注册也是如此。最佳的方式是工作室或有限责任公司的名称与商标一致。但很多时候，创业者可能仅注册一家工作室或公司，却可以注册很多商标来运作。

商标的形式有多种，常见的有纯文字商标、设计过的文字商标、图形和文字结合的商标、纯图形商标等。申请海外商标，商标名称建议使用英语或者目标国的语言，这样方便商标在亚马逊网站上被消费者搜索到，并且商标取名时也要考虑所在国家的文化习俗。亚马逊目前接收的注册商标必须采用基于文本，或由文字、字母、数字组成的基于图像的商标。

在初步通过商标检索后，品牌设计师才可以着手启动 LOGO 设计。设计 LOGO 时要注意中英文字体、图形、图像及所要申请的保护类别。

6.2.2 官网与微信公众号的建设

下面主要介绍互联网下的品牌形象展示，探讨的对象是官网及微信公众号的建设。

官网的主要用途是展示工作室或企业的综合实力，一般涉及品牌文化、历史渊源、获奖与资质认定等。其最主要的目的是展示木作设计师的木作商品，此外就是联系方式模块。

官网在当下的互联网环境中依然有其独特的作用。

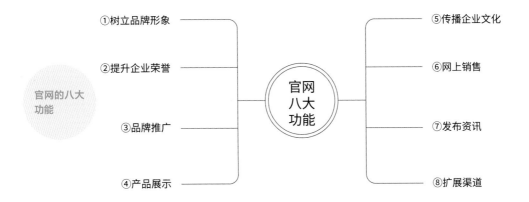

建设网站需要申请一个合适的网站域名，再根据设计开发的网站来确定空间容量。

通常情况下，适合木作创业的域名后缀为".com"及".co"，比如笔者建立的设计工作室官网就用了".co"。官网建立后，需要持续添加内容，同时可以制作百度百科里的关键词，这样可以让用户更容易找到细分木制作品或品牌的官网。

微信公众平台是基于微信的，自带用户流量，沟通成本低，互动性强，可以投放文章、视频或音频等，进行多元化展现输出。进入公众号的用户几乎都很精准，所以微信公众号适合作为企业移动互联网下推广运营的工具。

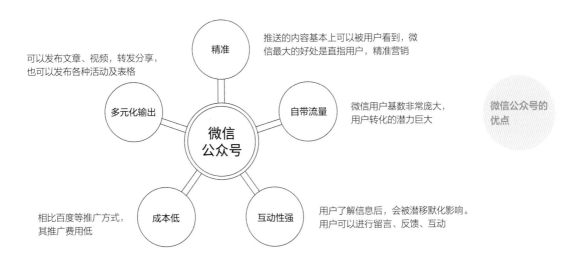

微信公众号也可以简单地理解为手机版的企业官网。除了自我展示，微信公众号最大的作用还是积累用户，它可以通过微信朋友圈、其他网站发布的作品等进行转化积累。例如，木作培训品牌 MYI ah 就花费了大量的精力去运营微信公众号，可见用户粉丝经济的重要性。

建设官网及微信公众号的主要目的在于推广品牌。

现在官网的趋势就是电商化。虽然木作品牌"晚峰书屋""唯诗"等没有官网，但都有作为官网功能呈现的天猫店。在互联网时代，官网依旧具有展示良好品牌形象的作用。但对于人力、财力有限的小微创业者来说，建设自己的电商平台不失为明智之举。

6.2.3 短视频内容及网络销售

自 2017 年起，短视频营销已经成为主流，是网络从业者，甚至线下商户营销必备的技能之一。在移动互联网大数据中，视频媒体占比最大，比如优酷视频、腾讯视频、爱奇艺等，还有快手、抖音、小红书、美拍、彩视、逗拍、八角星等，都是短视频的传播渠道。短视频实际上是视频版本的微博，将要表达的内容浓缩成时间较短的视频并加以传播。

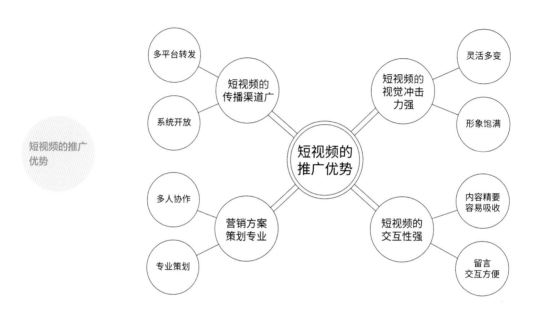

短视频的优点主要有 3 个。

第一，短视频可以让人们更加直观地感受视频的内容。由于短视频的时长更短，因此人们可以更快地看到它所表达的信息。

第二，短视频能更好地吸引人的注意力。当人们看到一个长而冗杂的视频时，会很容易分心或厌烦。而如果是一个简短的视频，人们就会更容易集中注意力去看。

第三，相比官网，短视频只要关键词合适，在手机端的 App 中可以很容易被检索到，也更加容易将感兴趣的用户进行转化。短视频现在逐步成为产品推广及销售的主要阵线。

制作短视频的软件有剪映、万兴神剪手、快剪辑、蜜蜂剪辑、iMovie、会声会影及专业视频剪辑软件 Adobe Premiere 等，大家可以根据需要来选用。

6.3 如何拥有一个木工坊

当我们怀揣着激情创业，想尝试开辟理想的木工坊，并着力探索解决理想与现实、艺术与商业、传统与现代之间的矛盾，那么必然需要有一个空间来尝试整个流程。

对于木工坊，常有以下疑问。

如果创业设计师只是想完成初步的产品打样，体验木作的乐趣，那么最小的木工坊能在狭小的阳台、车库等地方实现吗？

如果想尝试产品小批量加工，什么样的木工坊比较适合，应该花费多少的设备成本与场地租金呢？

想实现大规模的微木作批量生产，需要投入多少人力、设备、场地等费用呢？

需要门面的培训木工坊该如何规划，迷你型的培训木工坊能与当下流行的民宿结合吗？

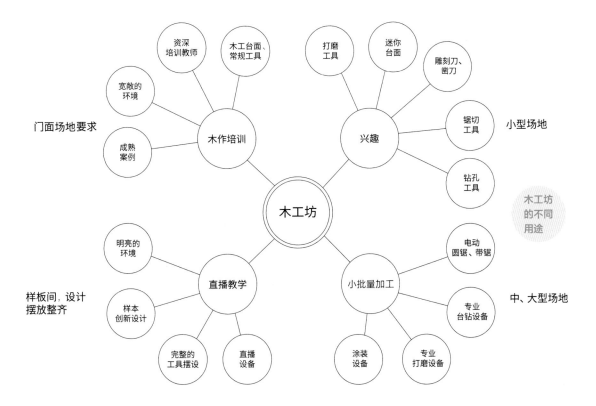

木工坊可大可小，主要根据木作设计师的用途来确定。比如纯粹为了兴趣爱好，那么常规的雕刻刀、系列凿刀、锯切打磨及钻孔设备即可，如果处理得当，一个小型的空间就可以满足要求。如果是小批量或试制设计样稿，那么设备必然还是需要用到偏工业化的专业设备，对应的空间也要加大。如果是为了制作内容，如视频直播、短视频制作，那么对应的最好还是装修过的、具备一定直播条件的专业木工坊，此外要提供创新性的、有吸引眼球的样本和制作过程。成本相对高的估计还是偏木作培训的木工坊，门面场地的投入要远大于前三者，而且需要宽松明亮的环境，配套知名品牌的木工设备等。

无论哪种木工坊的建设，都要评估一下自己的能力及创业方向，有的放矢才是最好的状态。

6.3.1 阳台、地下室和车库小型空间的木工坊

阳台、地下室、车库属于最小空间的木工坊改造。

由于面积小，因此要最大化地利用层高空间，同时可以将这些空间改造成储物间、常规木工工具存储区。木工桌尽量集成多种功能，最好是可移动的；木工凳可以改造成具有储物功能的箱式，除此之外一定要考虑吸尘问题。

木作平台是木工坊主要的集成模块，集合了台钻、曲线锯、铣台、盘式砂光机、木工夹平台以及储藏模块等，有了这些模块就基本能完成微木作的作业了。

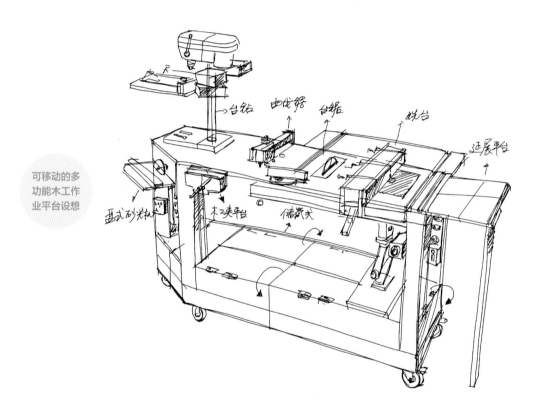

可移动的多功能木工作业平台设想

另外，可以买现成的具有储藏功能的多功能木工作业平台，后续可以在此基础上集成迷你台钻、迷你圆锯机及铣边机等。

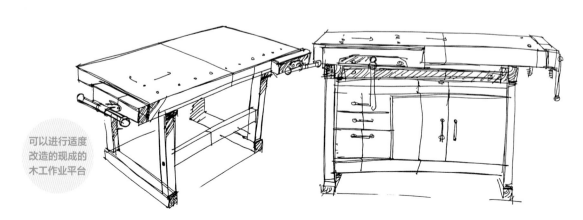

可以进行适度改造的现成的木工作业平台

我们再看一下墙面改造，常用的是实木洞洞板以及置物架或壁挂置物柜。洞洞板是指穿孔的木板，用于墙面装饰和收纳，结合挂钩或隔板，可以将零碎的物件悬挂或放置在上面，以达到收纳的目的，这样可以有效利用墙面。

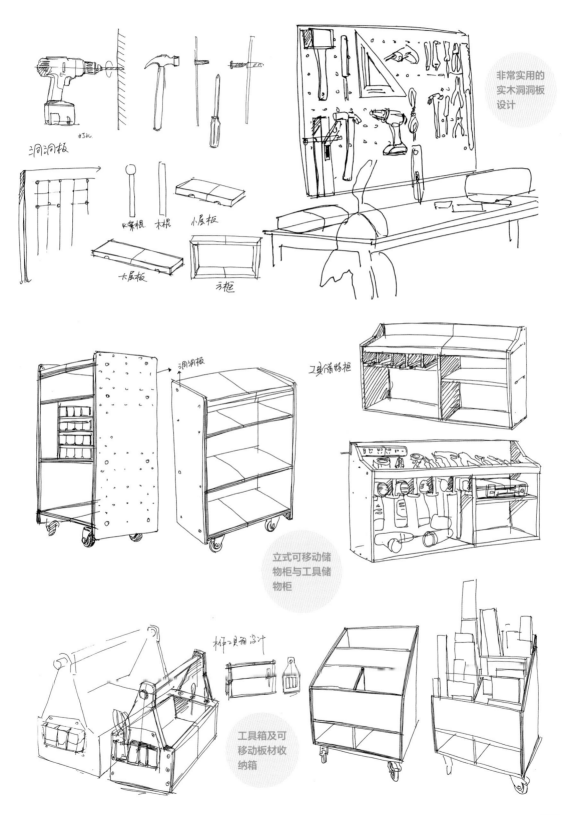

洞洞板

打孔

长条板　木桄　小层板

大层板

方柜

洞洞板

非常实用的实木洞洞板设计

工具储物柜

立式可移动储物柜与工具储物柜

柜体工具箱设计

工具箱及可移动板材收纳箱

阳台式小型空间的木工坊最低的配置就是一张木工桌，此外要有壁挂储物柜、木作洞洞板和柜式存储空间，以及摆放立钻、圆锯机、铣边机等的空间。

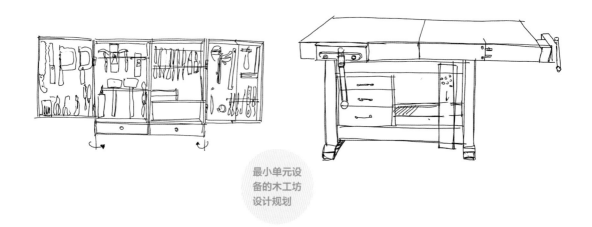

最小单元设备的木工坊设计规划

　　地下室的木工坊比阳台的木工坊有更好的可利用空间。比如笔者将自己家地下室进行了一定的改造，目前的空间尺寸为长 3.25m、宽 1.8m、高 2.1m，门的尺寸为宽 0.75m、高 1.8m。在改造的过程中，安装了一个超薄的 LED 吸顶灯，购买了一个成品的具有较好收纳功能的书柜，桌子是设计制作的木工桌。空间处理比较简单，主要安装壁挂置物架或置物柜，整体干净利落。此外有一个区域放置立钻、迷你圆锯机等工具。

地下室木工坊的装修示意图

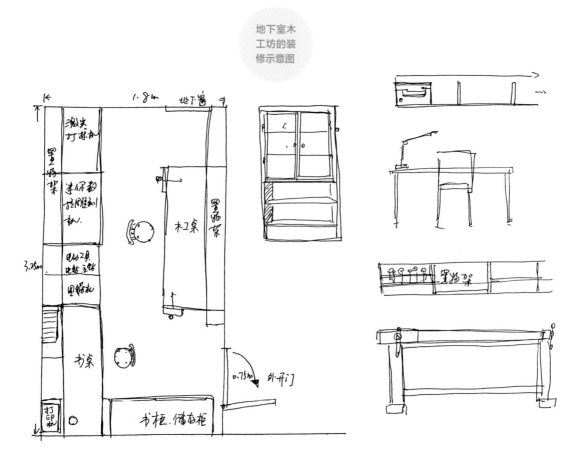

除了空间的改造，部分区域也可以安装洞洞板来辅助收纳，这些都是比较实用的做法。

小空间的清扫也是需要考虑的问题，常规用工业的吸尘器配合垃圾桶、扫把等就能完成这些作业。注意木制品的抛光打磨及油漆涂布最好不要在封闭或半封闭的小空间内进行。

小空间的木工坊一般适合个体加工微木作或样品，车库式木工坊则能较好地体现它的空间优势。如果不停车，那么车库作为木工坊对于制作微木作来说绰绰有余；而如果既要做木工坊又要停车，那么有限的空间需要合理规划和设计。

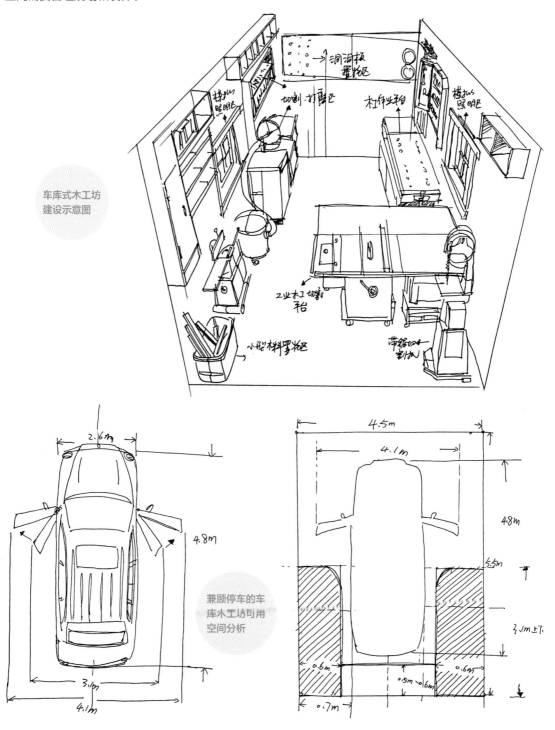

车库式木工坊
建设示意图

兼顾停车的车
库木工坊可用
空间分析

6.3.2 小型木工坊

　　小型木工坊的面积可以在 $50m^2$~$100m^2$，主要是为了满足小团队员工的小批量加工。这里常规工具及作业平台等配置与地下室或车库木工坊相似。偏曲面微木作打样的加工则需要小型三轴数控机床。如果是偏小批量曲面木作加工的则需要添加一台或多台多头三轴数控机床。

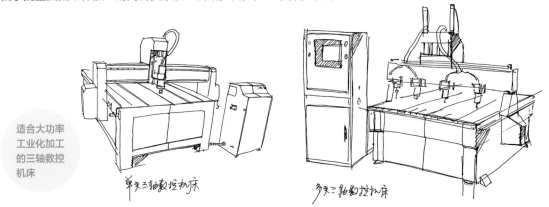

适合大功率工业化加工的三轴数控机床

单头三轴数控机床　　　　　多头三轴数控机床

　　小型木工坊与车库式木工坊的目的性不同：车库式木工坊适合放置常规木工设备外加小型台面式数控木工车床，主要用于产品打样制作及极小批量的产品生产；而小型木工坊则是为了小批量产品的加工处理，以电动设备，尤其是稍大型电动木工设备为主。

　　小型木工坊一般有工作区（电脑图纸处理）、切割区、刨凿区、多头三轴数控机床区、抛光打磨区、装配作业平台、电子产品焊接与组装区，以及木料存放区等。如果后续涉及电商销售，则还要有木作产品打包出货区。当然，这些并非都是孤立的，很多区域可以交叉使用。

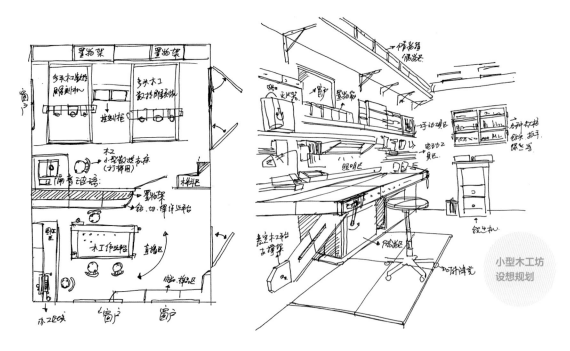

小型木工坊设想规划

　　小型木工坊投入成本要依据木工创业者的产品规格及出货量而定。一般来说，规模先小后大，循序渐进，同时设计木工坊的时候最好能考虑直播或录播场景。

6.3.3 偏培训的木工坊

偏培训的木工坊与偏打样批量生产的木工坊差距较大，一般偏培训的木工坊主要为了让人了解木工设备、木工加工方法及目标产品临摹等，大都属于浅尝辄止的形式，其重点在于提升学习者的动手实践、创意思维、统筹思维、专注、自信等方面的能力，让参与者从中体会创作的乐趣。

偏教学的木工坊一般具备教学区、样品区、工具材料区及实践区、半成品加工区等。教学区要有投影或大显示屏等教学设备，能容纳一定人数的互动教学空间；样品区可以设计成类似格子铺，摆放目标教学木作或学员木作；工具材料区可以设计成合理的摆放方式（可参考小型木工坊的摆放方式）；实践区则是木工桌加对应的稳固的座椅等，环境要明亮，作业区要留有较为宽敞的过道。

教学区的主要功能是视频授课及示范授课。如果整体空间有限，教学区的空间最好根据学习人数可移动拓展。此外，教学区也是展示木工坊品牌及实力的最好区域。

教学区和
休息咖啡区

木制品展示区对于木工坊来说非常重要，一般位于整个门店最显眼的位置。游览者或对木作感兴趣的人可以通过这些作品了解木工坊的综合实力，这也是体现木工坊品牌差异化的地方。

木工坊木制品
展示区

半成品加工区也可以看成是木工坊研发的区域，这些区域可以结合前面介绍的中小空间进行布置。木工坊培训的往往是常规的锯、切、磨及上色等，而加工研发区域则是木工坊更新案例、增加产品体验感的核心区域。

木工坊培
训加工区
示意图

　　有体验感的培训木工坊实际上非常适合嵌入民宿中，这样可以增加民宿的用户体验感。

后 记

笔者在高校里多次开设了木工公选课（选修课），来咨询报名的学生颇多；但限于实验室条件，很难满足多人木课教学及木工实践，学生们往往只能分批次在不同的时间来实施木工作业。一些高校有专业的木工实验室，这样进行木工教学就方便很多。

编写这本书的初衷实际上是想激发更多的人来参与木作的动手实践。笔者倾注几年的时光来探索、编写这本传统手作书，尝试用"小人书"的形式来讲这门手艺，浅显易懂，具备一定的创新性。

希望通过本书，能向读者展示新时期微木作的各种可能性。

对当代年轻设计师而言，传统手艺是非常具有价值的，想要探索传统文化，就要正视手工艺，如果没有这种活动，我们只能过纯工业化时代的电子产品生活。

本书梳理了国内木作现状，以微木作为切入点，思考如何将这门手艺发扬光大，让年轻人也知道，微木作结合现代科技，依旧有很好的前景。

微木作似乎有一种魔力，通过实践可以唤起几千年前的历史回忆，可以让历史上那些伟大的匠人重新回到我们身边。

身处这个潮流快速更替的时代，我们经常忧心忡忡，微木作却似乎可以让人慢下来，心静下来。喝一杯茶或抿一口咖啡，细细打量那些融入设计师灵魂、手艺人智慧的木作，这时微木作仿佛会讲话，具备心灵沟通的能力。

近几年欣喜地看到，有内容、参与度强的文创开始逐步增多，相关的文创集市越来越受民众的欢迎，传统手艺似乎逐步苏醒过来了。

设计师实体性质的创业并不容易，文创形式的实体创业更是如此。擅长前端创意表达的设计师要打通加工生产及商业销售，必然要费九牛二虎之力。乡村振兴中的手艺复兴任重道远，挖掘及活化地域文化，并融入可以批量生产的商业中，这些都是文创设计教育者的责任。

在此感谢淘博设计团队的陈清军、陈辉、李鑫、朱炜鑫，还有积极参与项目制作的林文科、张伟东等伙伴。另外，要感谢笔者的家人，特别是笔者爱玩乐高的儿子陈天明，小孩子的喜欢与积极参与，让笔者觉得更加有必要做与木作相关的事。